ドクター川又の獣医療工房

創意工夫でスキルアップ

臨床力

川又 哲 著

はじめに

　忘れもしない、川又哲先生との出会いは2002年、infoVets 7月号にて「猫の巨大結腸症」の特集を企画したときである。編集部の要望を快く受け入れてくれた川又先生は、「その代わり」と言ってはなんだが、国立科学博物館新宿分館にてトラやチーターなどの骨盤骨標本の計測に誘い出してくれたのだった。その成果(?)は、本書の「猫の巨大結腸症」第1部に記されているが、そこで感銘を受けたのが、学者の報告を鵜呑みにしない、臨床家としての姿勢である。川又先生は、巨大結腸症に限らず、あらゆることに「なぜ、どうして」から入り込み、「どう対処すべきか」までを、その広大な想像力とたゆまぬ努力、失敗を恐れぬ試行錯誤を重ねて、忍耐強く取り組んでいる。

　その詳細については、本書を一読すればご理解頂けるものであるが、彼の創意工夫に富む発想には、与えられたものに甘んじがちな今のわれわれ獣医師が失いつつあるものとも感じている。

　川又先生は、自身、昭和40年代の小動物診療の創成期、獣医療に専門機器などまったくなかった時代に開業したことから、このようなアイディアや手作り器機を作成せざるを得なかったと語っているが、決してそれだけではない。いつの時代にあっても、獣医療に求められるのは、独創性とあくなき好奇心であることは、とくに日々臨床に携わる獣医師にとっては十分に理解できることであろう。

　本書は川又先生の軌跡である。しかし、そこから読み取れるものは過去の歴史ではない。患者が来院し、飼い主の求めるものに応えるために、もっともっとできることがあるのではないかと自問自答する姿勢である。読者諸氏は川又先生になる必要もないし、なれないであろうが、彼の発想法、問題解決への道筋を、本書から少しでも盗み出してもらえれば、編集者冥利に尽きるものである。

infoVets編集室
中森あづさ

CONTENTS 目次

はじめに —— 2

① 猫の巨大結腸症

第1部　猫の巨大結腸症の謎に迫る ———————————————————————————— 6
はじめに —— 6
Ⅰ 巨大結腸症の歴史的背景 ———————————————————————————————— 6
① Yoder J.T.らの報告 ———————————————————————————————————— 6
② ヒトのヒルシュスプルング病 ——————————————————————————————— 6
③ Washabau R.J.らの報告 ————————————————————————————————— 7
④ 猫の巨大結腸症の概念の構築 ——————————————————————————————— 7
Ⅱ 猫の巨大結腸症の問題点の整理 ————————————————————————————— 7
① 犬と猫の巨大結腸症の発症率の比較 ——————————————————————————— 7
② ヒトの巨大結腸症と猫の巨大結腸症の違い ————————————————————————— 8
③ 特発性巨大結腸症の捉え方 ———————————————————————————————— 9
Ⅲ なぜ、猫に巨大結腸症が多く発症するかの比較解剖学的検証 ———————————————— 9
① 猫の骨盤と他の食肉動物の骨盤の比較 —————————————————————————— 9
② 計測の方法 —— 10
③ 検証結果 ——— 10
④ 4種の動物を同サイズにした場合の骨盤の視覚的な比較 ——————————————————— 10
Ⅳ 特発性巨大結腸症がどれほど存在するかの比較解剖学的視点からの検証 ————————— 12
① 晒し骨標本での原因の特定 ———————————————————————————————— 12
② 検証結果 ——— 12
Ⅴ ディスカッション ——————————————————————————————————————— 12
おわりに ——— 14

第2部　猫の巨大結腸症への内科的対処法 ——————————————————————— 15
はじめに ——— 15
Ⅰ 猫の巨大結腸症の分類 ————————————————————————————————— 15
① 猫の巨大結腸症の分類と背景 ——————————————————————————————— 15
② 猫の巨大結腸症の分類 —————————————————————————————————— 15
Ⅱ 猫の巨大結腸症の内科的治療 —————————————————————————————— 16
① 猫の巨大結腸症の診断と治療計画 ————————————————————————————— 16
② 猫の巨大結腸症の浣腸法 ————————————————————————————————— 18
③ 猫の巨大結腸症に対する緩下剤の投与 —————————————————————————— 21
④ 対症療法としての結腸切除術 ——————————————————————————————— 26
おわりに ——— 26

第3部　猫の巨大結腸症の根治術構築への挑戦 ————————————————————— 27
はじめに ——— 27
Ⅰ 猫の巨大結腸症の根治術・坐骨間恥骨移設術 —————————————————————— 27
① 手術方法の構築 —————————————————————————————————————— 27
② 実際の手術例 ——————————————————————————————————————— 29
Ⅱ ディスカッション ——————————————————————————————————————— 33
おわりに ——— 35

② 気性の激しい犬や猫の目薬は背中から ― 38
　　－点眼のための瞬膜下チューブ設置術－
- はじめに ― 38
- 症例と手術の準備 ― 39
- 実際の術式 ― 40
- おわりに ― 41

③ 逆噴射尿道カテーテルの工夫 ― 42
- お父さん曰く「先生、猫にねずみは最高だよ！」 ― 42
- 会陰尿道瘻造成術、名前は聞こえがいいが、実は、恥ずかしい手術だ ― 42
- 苦労してやっと完成した会陰尿道瘻造成術 ― 42
- 逆噴射尿道カテーテルの工夫 ― 44
- まぼろしのカテーテル ― 45

④ 動物の骨折治療をもう一度考え直してみよう ― 46
　　－小動物の運動器を対象とした新しい内固定による骨折治療法構築の試み－
- はじめに ― 46
- 苦悩する臨床家と綱渡りの診療現場 ― 46
- 模索の日々と解決の糸口 ― 48
- 現在の骨折治療法（運動器）の分析と問題の掘り起こし ― 48
- 小動物用の骨折治療法として診療現場から生まれた、2つの冒険的対処法 ― 49
- WPP Assembly 法の基本理念と方法論 ― 49
- WPP Assembly 法の特徴と利点 ― 50
- WPP Assembly 法によるモデル症例 ― 51
- WPP Assembly 法を発展させた、埋め込み専用プレートによる骨折治療 ― 53
- 埋め込み専用プレートの適用症例 ― 54
- WPP Assembly 法のプレート、ウイングなどデバイスの調達 ― 54
- おわりに ― 55

⑤ ワンマン・プラクティス向け、ステープラー縫合法 ― 57
- 乳腺腫瘍は、ワンマン・プラクティス獣医師には悪夢だ ― 57
- 医療用のステープラーは使い物にならない ― 58
- 小動物用ステープルを自作しよう ― 58
- おわりに ― 60

⑥ 無痛性の小動物用心電計電極の工夫 ― 61
- 実は、動物用の電極はまだない ― 61
- 針型電極、「先生、痛そうだから、早く外してやって下さい」 ― 61
- 剣山型電極の完成と挫折 ― 62

逆転の発想で、無痛性の電極の完成 ——— 62
　　　おわりに ——— 63

⑦ 川又式　犬の子宮内授精法 ——— 64
　−犬の子宮内授精　新たなる試み−
　　　はじめに ——— 64
　　　子宮内授精を実施する前に知っておくべきこと ——— 64
　　　子宮内授精の実施 ——— 68
　　　おわりに ——— 74

⑧ X線フィルムに自由に情報を刷り込むには ——— 78
　　　はじめに ——— 78
　　　カセッテの中で工夫する方法 ——— 78
　　　カセッテの外で工夫する方法 ——— 79
　　　おわりに ——— 81

⑨ 診療現場で大活躍、ケア・ケージの工夫 ——— 82
　　　愛する奥様や看護師さんが小型の豹と大格闘、これは時代遅れである ——— 82
　　　簡単に消毒ができる、幼弱感染動物の隔離病舎が欲しい ——— 82
　　　このケージの"便利"10項目 ——— 82
　　　今では、院内で大活躍 ——— 83

⑩ 小動物診療でのパソコン利用の軌跡 ——— 84
　−コンピュータとの壮絶な戦い−
　　　身の周りにコンピュータと呼ばれるものがまったくなかった時代 ——— 84
　　　ワンボードマイコン、TK-80との出会い ——— 84
　　　夢のような10年間 ——— 84
　　　未踏の荒野へ0からの出発 ——— 85
　　　苦闘のソフト開発 ——— 86
　　　目指せ、ペンシルレス・クリニック！ ——— 86
　　　「川又犬猫病院カルテ管理プログラム」ついに完成 ——— 87
　　　もうひとつの挑戦、ブラックボックスを暴け！ ——— 87
　　　トランジスタとの格闘 ——— 88
　　　ゴミの中から、驚異の能力を持ったLSIを探せ ——— 89
　　　院内はロボットだらけ ——— 90
　　　PC-9801の終焉 ——— 91
　　　おわりに ——— 92

　　ごあいさつ ——— 94

 猫の巨大結腸症

第1部
猫の巨大結腸症の謎に迫る

はじめに

本テーマである「猫の巨大結腸症」の、「猫の…」という部分に、すでに「猫の巨大結腸症」の最大の謎が隠されており、『なぜ、犬ではなく猫なのか？』という設問の解明こそが猫の巨大結腸症の病態を知り、対策を考えるうえでもっとも重要な課題となる。

この疾患は、われわれ小動物診療の現場にあっては、『やっかいな猫の病気』の代表格でもある。治療は、まず内科治療に委ねられ、獣医師は『軟便作りの名医』として計画的で慎重な指導が望まれ、ときに飼い主が緩下剤の投与に失敗して腸の中に便がびっしりつまり、嘔吐を見てびっくりして駆け込んでくると、ひたすら『便出しの名医』として振る舞う。

そして、いよいよ万策尽きた頃には、『外科手術の名医』として変身させられるのが定法である。その間、患者と飼い主と獣医師は一体となって頑固な便秘と関わり、場合によっては、ひと時の猶予も許されぬまま、緊張の時間が一生続くケースもある。

猫の巨大結腸症については、現在、残念ながらすべてが明らかになっているわけではない。1996年に、Washabau R.J. ら[24]が報告したように「過去に報告された猫の腸閉塞120症例を再調査した結果、96%は重度の便秘であり、さらにそのうちの過半数の62%の症例が特発性巨大結腸症と診断されている」現状で、未だに謎の病気の域を出てはいない。

診療現場の差し迫った状況を考える時、そこに推論を加え、臨床家の立場から病態の解明と対策のための自由な展開をしても、読者諸兄にお許しを頂けるのではないかと考え、筆をとった次第である。いささか、独断と偏見のそしりをまぬがれない部分はあるが、どうかご寛容の気持ちでお付き合い賜りたい。

I 巨大結腸症の歴史的背景

1 Yoder J.T. らの報告

猫の巨大結腸症の病因について語る時に、必ず的となるのがヒルシュスプルング病と特発性巨大結腸症の関係である。一部の成書では、特発性巨大結腸症と先天性巨大結腸症が同義語として扱われていたり、真性のヒルシュスプルング病が猫においては非常に高率に発症し、猫の巨大結腸症の大部分を占める特発性巨大結腸症は、実はヒルシュスプルング病であるかのごとき記述が、長い間診療の現場に定着してきた。

では、なぜヒルシュスプルング病が猫の巨大結腸症の中に居座るようになったかを過去の報告から辿ってみると、どうやら1968年のYoder J.T. ら[28]の報告にさかのぼるようである。Yoder J.T. らはその報告の中で、1頭の9歳齢のシャム猫の巨大結腸症の成因が、ヒトの先天性巨大結腸症であるヒルシュスプルング病と同じ結腸遠位部から直腸に至る腸管神経節の機能不全であったとしている。また、この病態は、運動不足や加齢後の飼育管理の失宜などにより発症する二次的な巨大結腸症、または仮性巨大結腸症、あるいはヒルシュスプルング病とは別の特発性巨大結腸症と呼ぶべきであると示唆している。

ここで初めて、ヒルシュスプルング病とは『似て非なるもの』という意味で仮性巨大結腸症という言葉が出てきたり、ヒルシュスプルング病とは別の『訳のわからない病気』として特発性巨大結腸症という病名が使われている。つまりYoder J.T. らは、この猫を一度も真性のヒルシュスプルング病と呼んでいないのである。

このシャム猫の報告は、その後の猫の巨大結腸症の研究に大きな影響を及ぼし、ヒルシュスプルング病という病名が一人歩きをして、特発性＝先天性＝ヒルシュスプルング病という図式が出来上がったようだ。ちなみに、人医でも特発性巨大結腸症は存在し、こちらは、腸管神経節細胞の欠如を伴わない巨大結腸症を指している。

2 ヒトのヒルシュスプルング病

この部分は重要な個所であるので、少しだけヒトのヒルシュスプルング病について、おさらいをしてみる。ヒトで巨大結腸症を引き起こすヒルシュスプルング病は、1887年、デンマークの小児科医 Hirschsprung H. が初めて報告したとされ、遺伝的な素因が関与する先天的な病である。

ヒトでは、約5,000人に1人の割合でこの病気を抱えた新生児が生まれ、胎便がなく腹囲の膨満が出現し

て初めて発症が確認され、結腸遠位部から直腸に至るMeisserおよびAuerbach神経叢細胞が欠如する、いわゆるaganglionosisの病態を呈することで知られる（図1）。

現在では、この病気の研究も進み、多くの異なる病態がみつかり、神経節が存在しても巨大結腸症を起こすような症患群（CIIPS、MMIHS等）も報告されるようになり、これがヒルシュスプルング病と同じ範疇に入るかどうかは現在も論争があるが、これらはヒルシュスプルング病類縁疾患という呼び方をされるようになってきた（図2）。

また、モデル動物としてノックアウトマウスの作出にも成功し、RET遺伝子、エンドセリンB受容体遺伝子など、次々に原因遺伝子が明らかにされている先天的な遺伝病である。

3 Washabau R.J. らの報告

ところが、Yoder J.T. らの報告から約30年経った1996年、今度はWashabau R.J.ら[24]が、特発性とされる猫の巨大結腸症の膨大した結腸の平滑筋について生理学的な検証を行った結果、大多数の症例では巨大になった結腸での出来事は、神経の障害ではなく腸壁の平滑筋の機能不全であると報告した。また、その障害は結腸が原発なのか、二次的な障害として平滑筋の機能不全が起こっているのかはわからないとしている。

ここにきて、猫の巨大結腸症の大部分を占める特発性巨大結腸症の病態について全く異なる新たな知見が加えられたわけである。しかし、この2人の研究者は、本疾患の根源的で最大の謎である「なぜ、猫にだけ巨大結腸症が多いのか」という疑問にはまったく触れてはいない。

4 猫の巨大結腸症の概念の構築

これに対し筆者は、猫の巨大結腸症の発症の根源的な要因は、結腸や直腸など消化管にではなく、便の通過域である骨盤にあるという立場に立っている。

また、なぜ猫に巨大結腸症が多く発症するのかという疑問に関しても、猫には骨盤の便の通過域が狭いという種としての特異性、つまり猫は犬にくらべてほとんど余裕のない状態で便を通過させているところに、新たに、例えば骨盤骨折や骨盤の変形、新生物、さらには削痩や肥満など便の通過を妨げるなんらかの要因が少し加わるだけで、簡単に排便システムが破綻し、便秘から巨大結腸症へと発展するという考えである。

本稿では、これら歴史的な背景を踏まえたうえで、この『猫の巨大結腸症』の成り立ち、すなわち概念について、比較解剖学的な観点から具体的な数値をもとに謎解きを進めてみたい。

II 猫の巨大結腸症の問題点の整理

1 犬と猫の巨大結腸症の発症率の比較

2000年度多摩研式疾病統計データ・疾病発生順位[23]によると、猫の疾患で便秘と診断されたものは、9,760件中0.81％の26位、巨大結腸症は全疾患中56位を示した。これに対し犬では、23,481件中、便秘は0.03％

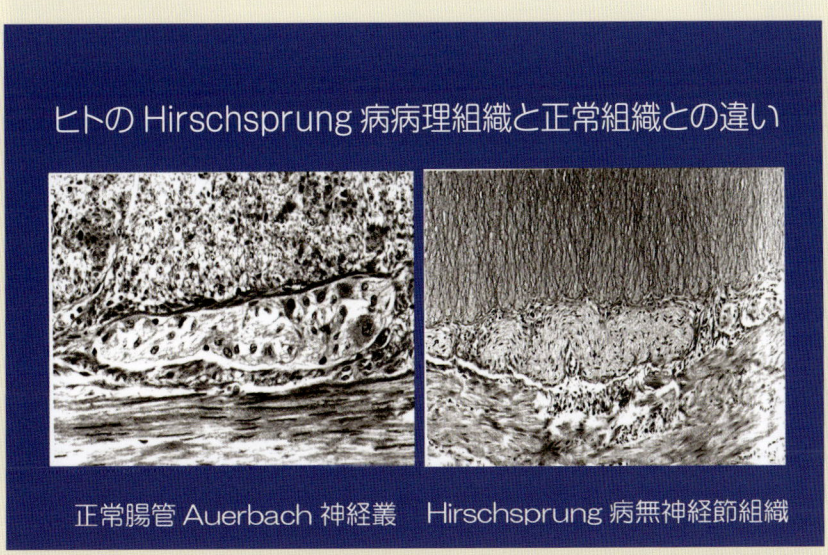

図1 ヒトのヒルシュスプルング病病理組織像（「小児外科病理学」清水興一、三杉和章監修、堀江弘、文光堂、1995より許可を得て転載）

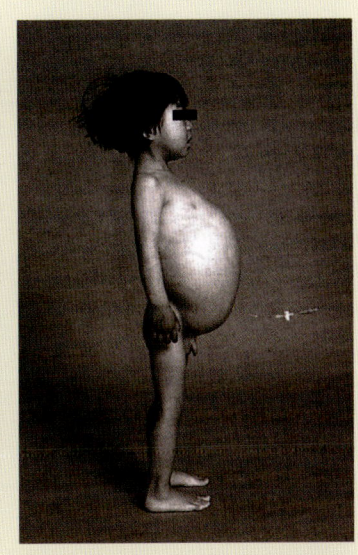

図2 ヒトのヒルシュスプルング病類縁疾患小児患者（「Hirschsprung病類縁疾患」岡本英三監修、祥文社、1998より許可を得て転載）

① 猫の巨大結腸症

で67位、巨大結腸症という病名に至っては項目すら掲載されていない。また、筆者らの病院の32年間の歴史の中でも、巨大結腸症の病名を付した犬は1頭もいない。犬と猫では、その発症順位において大きな差がみられ、明らかに、猫には巨大結腸症を発症させる特異的な条件の存在が伺われる。ちなみに、ヒトの場合は、外来15,379例中便秘は3.1%という記録[6]がある。

2 ヒトの巨大結腸症と猫の巨大結腸症の違い

① X線画像によるヒトと猫の巨大結腸症の違い

図3-aは典型的なヒトのヒルシュスプルング病のバリウム注腸X線画像[9]であり、図3-bは、典型的な猫の巨大結腸症の単純撮影のX線画像である。

どちらも結腸は巨大に膨瘤してはいるが、ヒトのそれは、よく見ると骨盤と全くかけ離れた部分で、結腸の遠位端が極端に狭く（narrow segment）なっており、明らかに結腸そのものが萎縮を起こしていることが伺われる。

一方、猫では骨盤前口部までびっしり便がつまっており、川がダムによって堰き止められたように見える。病名はどちらも巨大結腸症と同じでも、その成り立ちは全く別のものであることがわかる。

② ヒトと猫の外科的対処法の違い

ヒトのヒルシュスプルング病における外科的な対処法を歴史的に振り返ると、1914年に発表されたPerthesの術式を皮切りに、近年の根治術の基礎となった1948年のSwenson法、1956年のDuhamel法など、そのすべては排便機能を維持しながら、変性を起こした直腸や肛門のアカラシア（achalasia）にどう対処し取り除くかということへの挑戦であり、膨大した結腸は生理的に正常なものとして切除することなど有り得ない。

これに対し猫では、Yoder J.T.らの報告以降、内科治療後のさらなる処置法（Washabau R.J.は便秘発症後6カ月を目安としている）として、神経システムの病理学的な検索はほとんどなされないまま、結腸の亜全摘が実施され、結腸遠位端と直腸は残置されている。これは、ヒトのヒルシュスプルング病の外科的な対処法から考えるとたいへん矛盾に満ちたものである。

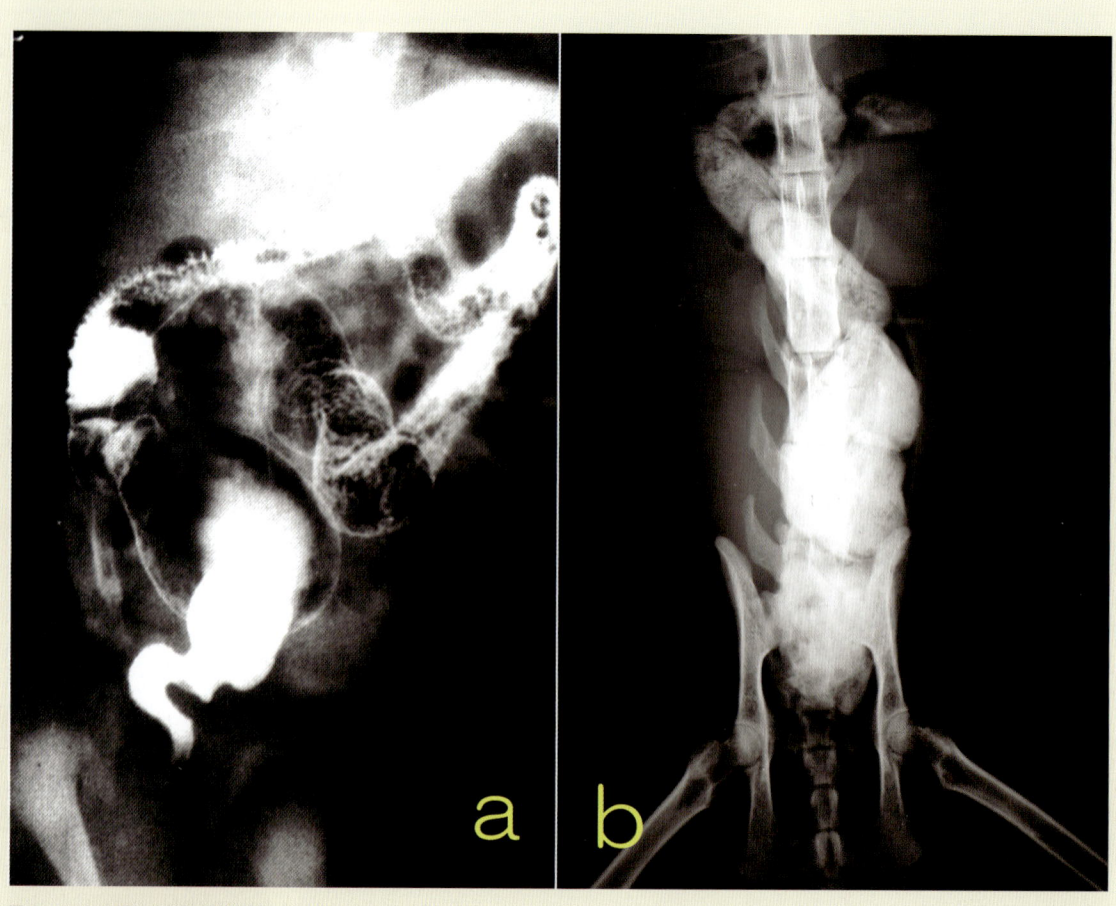

図3　ヒトと猫のX線画像比較
　a：典型的なヒトの巨大結腸症（ヒルシュスプルング病）小児患者のバリウム注腸X線画像。骨盤と全くかけ離れたところで、急に結腸遠位部と直腸が細くなっている。
　b：典型的な猫の巨大結腸症単純撮影X線画像。便が骨盤前口に迫っており、そこでつまっている。
（aは「ヒルシュスプルング病の基礎と臨床」池田恵一編、へるす出版、1989より許可を得て転載）

③ ヒトと猫の発症年齢の違い

ヒルシュスプルング病は、九州大学小児外科のデータ[9]をみても、117例中、初発時期が生後3日齢以内のものが76.9%で、1カ月齢までの間に92.3%の発症が確認されている先天的、遺伝的小児病である。

それに引き換え、猫の巨大結腸症では、対象となる症例の年齢は原因により大きなばらつきを示し、筆者の経験では1～16歳齢と大きな開きがあり、発症年齢の平均は5.3歳齢であった。これもヒトと猫の巨大結腸症とで大きく異なる部分である。ちなみに、報告にみられる巨大結腸症の平均的な発症年齢は、Rosin E. ら[19]は4.9歳齢、Sweet D.C. ら[22]は7.3歳齢、Washabau R.J. ら[25]は5.8歳齢と報告している。

③ 特発性巨大結腸症の捉え方

猫の巨大結腸症の中でもう一つの大きな課題は、特発性巨大結腸症の扱いである。Washabau R.J. らが報告した62%という数値（P.6参照）では、謎だらけの病気の域を出ない。そのため、この特発性巨大結腸症の中で何が起こっているのかを解明する必要があり、その鍵は、このグループ内での腸管神経節不全症例の割合を明らかにすることである。筆者は、30年を超える臨床経験の中で、巨大結腸症の腸管の神経組織の病理学的な検索ができたのは、たった6例、しかも、そのいずれもが神経組織には異常は認められずとの結果に終わった。謎めいた猫の巨大結腸症の中ではYoder J.T. らのように腸の神経節不全の症例にたとえ遭遇したとしても、特発性巨大結腸症の割合を説明するなんの根拠にもならない。

まして、猫の巨大結腸症の中に神経節不全の症例が『存在しないという立証』など不可能なことである。残る道は、猫の巨大結腸症の症例をできるだけ多く集め、その個々の症例について発症原因を確め、消去法として神経節不全の症例の割合を予測する以外に方法はない。

Ⅲ なぜ、猫に巨大結腸症が多く発症するかの比較解剖学的検証

① 猫の骨盤と他の食肉動物の骨盤の比較

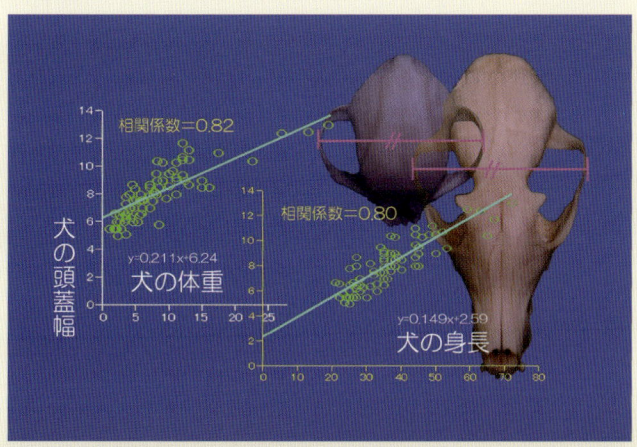

図4　犬の頭蓋幅に対する体重と身長の相関関係

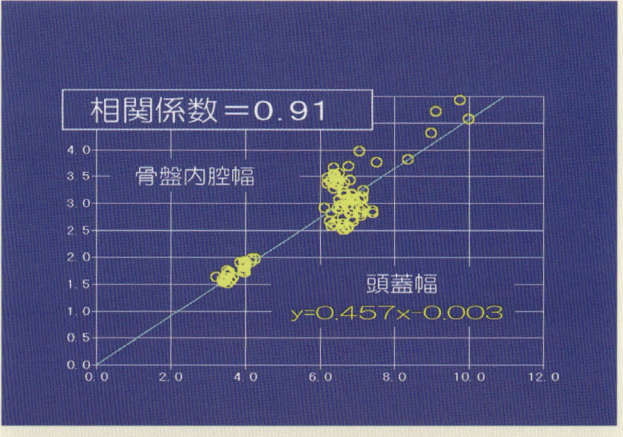

図5　食肉動物5種類の頭蓋幅と骨盤内腔幅との相関

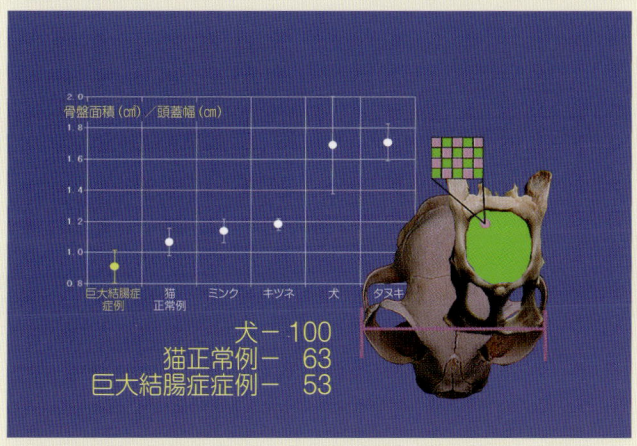

図6　食肉動物5種類の頭蓋幅に対する骨盤前口面積の割合

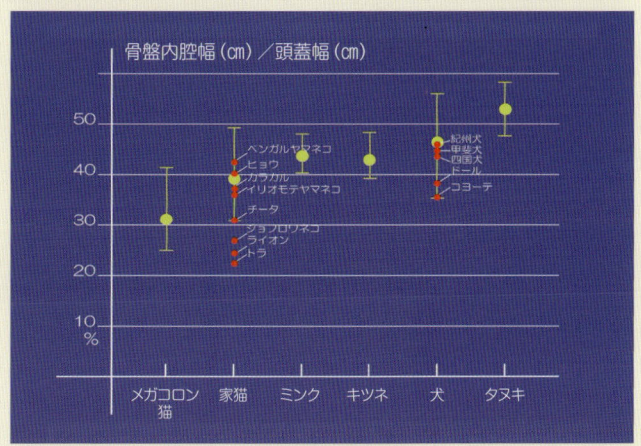

図7　食肉動物の頭蓋幅に対する骨盤内腔幅の割合

1 猫の巨大結腸症

できるだけ数多くの食肉目動物の骨格標本を作製し、それらの計測をもとに、猫が他の食肉動物と比較解剖学的にどのような違いがあるかを検証した。

供試した骨格標本は、猫の巨大結腸症症例を含めた食肉動物5種類、すなわち、タヌキ、犬、キツネ、ミンク、猫と野生の犬科、猫科の動物合わせて19種187個体である。

ヒトのヒルシュスプルング病の病因の成り立ちと、過去の猫の巨大結腸症症例のX線画像や病歴、臨床症状を詳細に分析・検討した結果、猫の場合は、ほとんどの症例で、骨盤前口の直前で巨大な便塊が迫っていることから、骨盤前口部の面積と骨盤内腔幅が重要であると考えた。

また、種を超えた食肉動物間での比較において共通の基準値をどこに置くべきかに関しては、一般的には、哺乳動物の大きさの比較は同種間では変異の少ない頭蓋の長さを基準にすると言われているが、長頭種と短頭種のある犬や猫の場合は変異が大きく、頭蓋長は目安にはならない。まして、異種間での骨盤同士の比較に関する基準はない。

そこで、食肉動物間で骨盤を比較する共通の基準として、頭蓋の両頬骨弓間の最大幅、すなわち頭蓋幅とすることを考え、この頭蓋幅が、果たして基準として成り立つかどうかをまず犬で確かめた（図4）。

その結果、犬の頭蓋幅と体重の相関係数が0.82、身長とでは0.80を示したことから、これを頼りに食肉動物5種類、タヌキ、犬、キツネ、ミンク、猫の頭蓋幅と骨盤内腔幅比較の相関係数を調べたところ、こちらも0.91と高い値を示し、種間の骨盤内腔幅比較の目安を頭蓋幅で行うことの意味付けがようやくなされた（図5）。

2 計測の方法

計測に使用した骨標本は、日常の診療の中で種々の疾患で死亡した犬および猫の死体を採用した。ミンクとキツネは、養殖場より入手した剥皮後の屠殺体から、さらに一部の犬・猫と、タヌキ、その他の野生食肉動物の標本については、いくつかの博物館の収蔵標本を借用した。

計測は、それぞれの骨格標本について、頭蓋については頭蓋幅を、骨盤に関しては、腸恥隆起よりわずかに尾側寄りの、正中断面と直角に交わり、両寛骨臼窩部を結ぶ線上の内腔幅を目的の骨盤内腔幅と定め測定した。

骨盤前口部の面積については、骨盤前口方向から骨盤後口に向け、一定の位置に骨盤を設置して写真撮影を行い、コンピュータ処理により骨盤前口部の分界線で形成される面積をピクセル数に分解し、その積算面積を頭蓋幅で割り比較した。

3 検証結果

正常と思われるタヌキ、犬、キツネ、ミンク、猫の5種類の食肉動物合わせて106個体の骨格標本について、骨格前口部の面積を比較したところ（図6）、頭蓋幅に対する骨盤前口部の面積比でもっとも広かったのはタヌキで、次いで犬、キツネ、ミンク、猫の順で、巨大結腸症の個体はさらに小さかった。

その割合は、犬の正常例を100とした場合の指数で、猫の正常例は63、14個体の巨大結腸症症例では53にすぎなかった。

頭蓋幅に対する骨盤の内腔幅を比較した図7では、タヌキがもっとも広く、頭蓋幅に対して骨盤の内腔幅は52.3％であった。

次いで犬が46.8％、ミンクが43.7％、キツネが43.2％で、ミンクとキツネは前口部の面積も比較の順番とは逆になった。猫はやはり5種類の食肉動物中もっとも狭く39.3％で、巨大結腸症の症例では、さらに狭く31.6％にすぎなかった。また、犬を100とした指数では猫は84、巨大結腸症症例は67であった。

参考として測定した他の14種類の野生食肉動物では、犬科のドール37.5％とコヨーテ36.4％は犬の中ではもっとも狭く、猫の平均39.3％よりもわずかに狭かった。猫科では、ベンガルヤマネコとヒョウは、猫の平均と同じではあるが野生猫としては骨盤が広いほうに属し、チーター、ライオン、トラは猫の中ではもっとも狭いグループに位置していた。また、ライオンとトラの骨盤の内腔幅は猫の巨大結腸症の平均31.6％よりもさらに狭く、ライオンは25.1％、トラは22.9％であった。

これらの野生動物に関しては、計測された数値はそれぞれ1～3個体についてであり、なかには雌雄がわからないものもあるなど、正確さには欠けるが、興味ある結果を得ることができた。

4 4種の動物を同サイズにした場合の骨盤の視覚的な比較

前述の計測結果を検証するために、トラ、ライオン、猫、犬の4種の動物を同サイズとしてみた場合の骨盤の違いを視覚的に検証した。

すなわち、もし、猫がトラと同じ大きさであったら、骨盤の内腔はどのようになるかを画像として並べてみたものである（図8）。調整の目安は、4種の動物の骨盤の両寛骨臼窩を通る線上の両外側幅を基準として用い、同サイズとした。

これによると、犬とくらべて猫の骨盤の内腔は明らかに小さく、トラがもっとも小さい結果となり、計測による骨盤内腔幅の測定結果とすべて一致した。

また、興味あることは、猫が、もしトラと同じ大きさであったなら、その頭蓋はトラよりも大きく頑丈で、逆に犬は、骨盤内腔は猫やライオン、トラにくらべて大きいが、頭蓋は貧弱な動物であることがわかった。

第1部　猫の巨大結腸症の謎に迫る

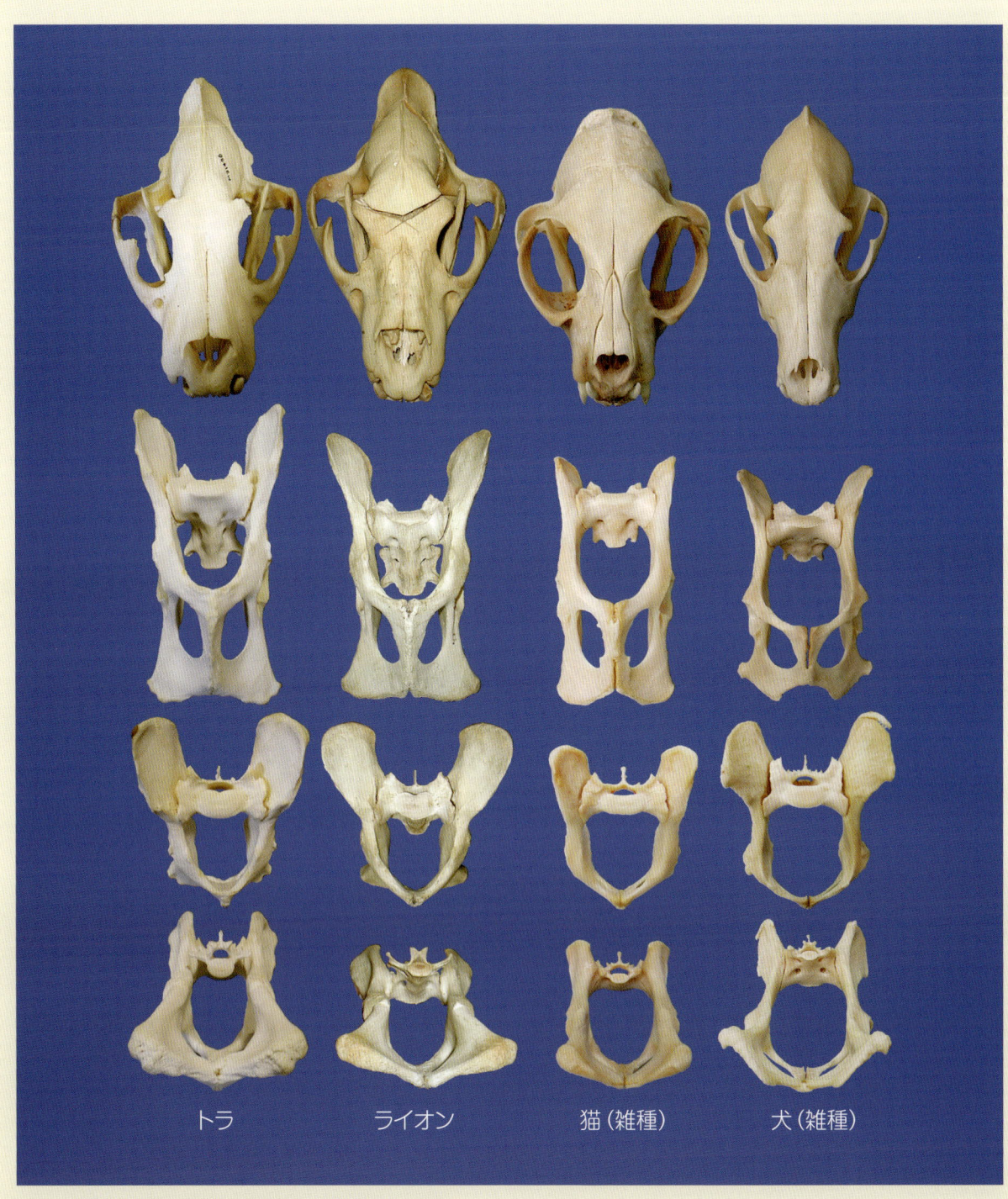

図8　食肉動物4種類の頭蓋と骨盤を同サイズに縮尺して比較

① 猫の巨大結腸症

Ⅳ 特発性巨大結腸症がどれほど存在するかの比較解剖学的視点からの検証

1 晒し骨標本での原因の特定

猫の巨大結腸症のうち、特発性巨大結腸症の割合はどれくらいかの検証では、生前に便秘または巨大結腸症が存在した14症例に関して、死後、骨格標本を作製し、その内の11個体について検証した。

調査は、生前の病歴、飼育環境や食事内容の調査、また、骨格標本作成後、骨盤前口の面積と骨盤内腔幅の測定とともに、腰椎、仙椎、骨盤、大腿骨など骨盤周辺の骨の肉眼的変化を詳細に検証し、消去法として特発性巨大結腸症の割合を予測した（図9）。

2 検証結果

11症例の骨格標本の詳細な検索では、交通事故の後遺症とみられる骨盤の変形や脊椎の損傷などが確認されたものが3個体、骨盤の変形の状態と生前の病歴の検討から、発育の段階で栄養性二次性上皮小体機能亢進症の関与が伺われ、骨盤や脊椎の変形が確認されたものが3個体、脊椎と仙骨の奇形がみられたもの2個体、なんらかの原因で骨盤骨の異常増生が起こり、便の通過域が狭まり巨大結腸症を発症したと思われるもの1個体、また、13歳齢の頃より巨大結腸症と診断され、肥満（1歳齢時の去勢の影響か？）、室内飼育、偏食があり、15歳齢で交通事故により死亡した1個体、数年間室内のみの飼育の後、削痩し、乳腺腫瘍の肺転移と慢性腎炎のため12歳齢で死亡した1個体であった。この15歳齢と12歳齢の個体はいずれも他の正常な個体にくらべ、骨盤の幅がわずかに狭いだけであり、骨格上の大きな変化はなかった。

また、Case10の15歳齢の症例は、たまたま逃走時に交通事故にて死亡したものであるが、結腸遠位端の腸壁の病理検索を行った結果、MeissnerおよびAuerbach神経叢にはまったく異常はみられなかった（図10）。

結局、9個体において骨盤と脊椎（とくに仙骨）に巨大結腸症の成因となり得る明らかな病因が確認され、他の2個体は加齢と肥満、削痩、飼育管理の失宜に病の主因が考えられた。神経組織の異常の有無を病理組織学的に検索した個体は、Case10の1例のみであったが、いわゆる、ヒルシュスプルング病様病態を予想させる個体は1例も確認できなかった。

Ⅴ ディスカッション

① **猫は便の通過域が特異的に狭く、巨大結腸症発症の要因は、消化管ではなく骨盤にある**

猫にだけ高率に巨大結腸症が発症するという種特異性について、晒し骨標本をもとに検証した。その結果、猫は便の通過域が犬を100とした指数では63と、37%も狭く、便秘または巨大結腸症の猫は、53と約半分にすぎないという事実が明らかになった。このことから、猫の巨大結腸症の発症のきっかけは、消化管にあるのではなく、骨盤の便の通過域の狭さが大きく影響している証拠が数字で明らかとなった。

もちろん、脊髄損傷や馬尾症候群などの神経システムの障害や、いつの日かわれわれ臨床獣医師が遭遇するであろう後天的なヒルシュスプルング病の症例は論外である。

② **猫は、狭い便の通過域で排便システムの力を借り、ぎりぎりの条件で排便している**

松藤 凡らは、ヒトの排便システムについて報告し、直腸内肛門括約筋抑制反射、骨盤底筋群の弛緩と収縮、直腸肛門角や腹圧などの力、さらにgiant migrating contractionなる大きな蠕動波が結腸内に起こり、加えて中枢神経系、腸管神経系、仙骨神経の相互作用の協調によって排便がなされると述べている。

これをそのまま猫に当てはめることはできないまでも、猫の巨大結腸症の発症のメカニズムは、これらの複雑な相互作用を阻害する要因、すなわち骨盤の狭窄や変形、奇形、骨盤周辺の新生物、肥満による脂肪蓄積過多や削痩による排便に必要な筋力の低下、さらには、これら物理的な要因の結果として起こる神経伝達経路の二次的な退行変性などに、骨盤内腔の狭さという猫に特異的な不利な条件が相乗的に加わり、巨大結腸症の発症につながるものと考察された。

③ **病猫の骨格標本の検証結果から、腸管神経節の機能不全の症例は多くないと考えられる**

巨大結腸症罹患猫の骨格標本を検証した結果、骨盤腔の狭窄、変形、奇形、削痩、肥満や飼育管理の失宜など、排便の相互作用を阻害する要因および猫の骨盤における便の通過域の狭さが巨大結腸症発症の背景にある可能性が高いこと、さらに、ヒトと猫の巨大結腸症の病態は明らかにまったく異なるものであることがわかり、猫に腸管神経節の機能不全症例が多いという考えには否定的な証拠を示した。

このことからも、猫の巨大結腸症の中では、ヒトのヒルシュスプルング病様疾患、いわゆる、特発性巨大結腸症は存在したとしても、きわめて稀なことであると推測された。

④ **猫の巨大結腸症の膨大した結腸は、どうやら生理的な機能を温存しているらしい**

巨大結腸症の主たる要因が消化管ではなく便の通過域にあるとする検証結果から、膨大した結腸は、本来、程度の差こそあれ正常な生理機能を備えたものであり、大部分のものは、原因が取り除かれれば、おのずから機能が回復する可能性が示唆された（この点に関しては、第

3部にて紹介する巨大結腸症の根治術・坐骨間恥骨移設術の結果においても立証されている)。

これはまた、Washabau R.J. らの、結腸の神経組織には異常はなく、構成する平滑筋に機能不全があるとする報告とも整合性があり、この平滑筋の機能不全の原因が結腸原発か否かの選択では、当然、二次的な可能性を支持するものである。

⑤ **結腸切除術は、緩下剤投与の代わりに下痢を起こさせるための対症療法だ**

巨大結腸症の症状が進んだ症例に対しては、外科的な解決法として、結腸部分摘出術が一般的に行われてきた。筆者は、神経的な検証もされぬまま、特発性巨大結腸症の病名が付された症例に対してこの手術法を採用することは、理論的に矛盾があると考えてきた。

というのは、仮に、Yoder J.T. らの示唆した（たとえ後天的なものであっても）ヒトのヒルシュスプルング病と同じ、結腸遠位部から直腸にかけて神経節の機能不全が予想されるこの病に、膨大ではあるが正常かも知れない結腸を取り除き、見た目は変わらないが病巣であるかも知れない結腸遠位端と直腸を残すことになるからである。

しかし、猫の巨大結腸症の中で腸管神経節の機能不全は稀なことであるとの検証結果から、結腸の部分摘出術は、その目的を対症療法に限定し、脊髄損傷を含め神経

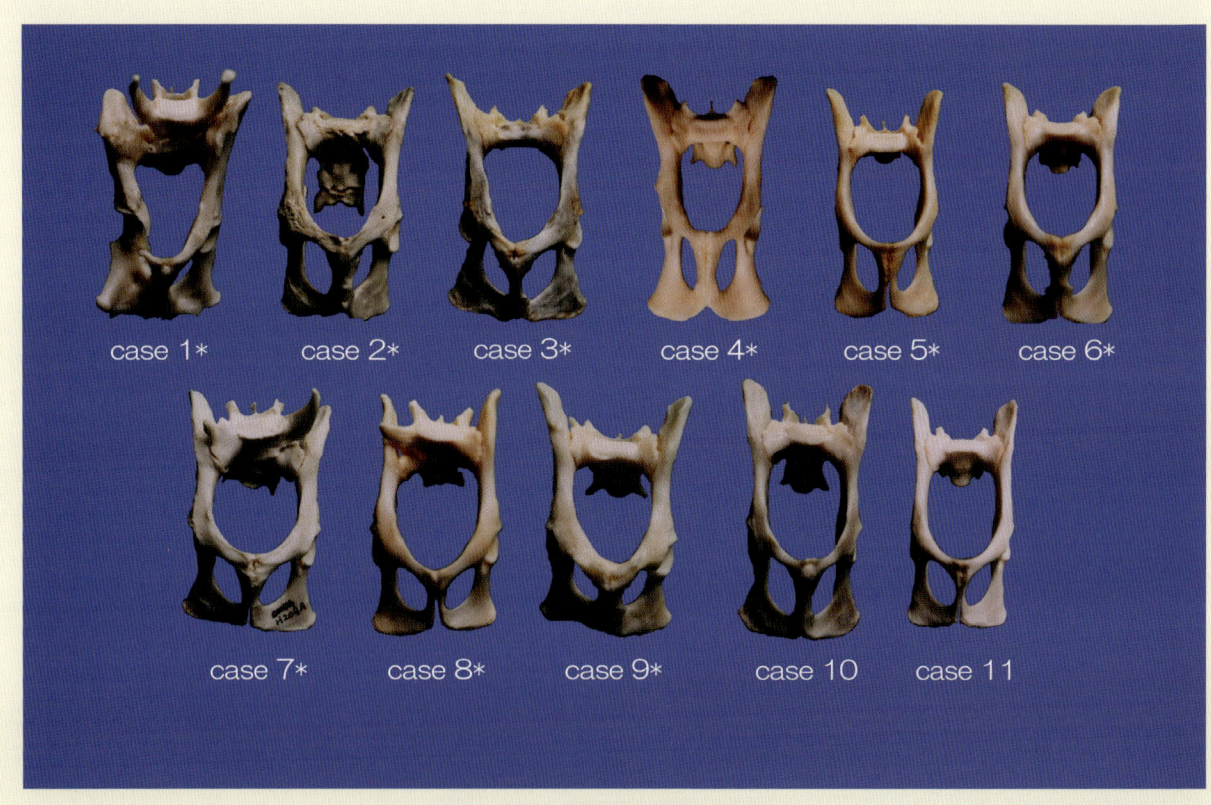

図9 便秘または巨大結腸症症例の晒し骨標本
＊は脊椎にまで影響があった個体
Case1〜3：交通事故の後遺症、Case4〜6：栄養性二次性上皮小体機能亢進症、Case7〜8：脊椎、仙腸関節の奇形　Case9：骨盤骨の異常増生、Case10：肥満、室内飼育、偏食、Case11：腎疾患、削痩、ケージ飼育

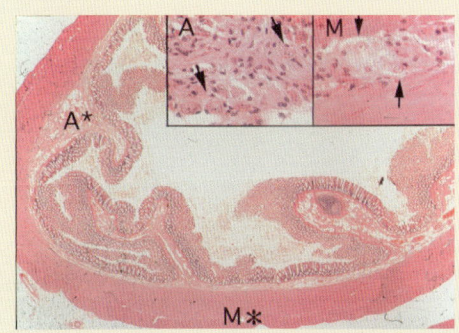

図10　Case10の結腸遠位端の組織像
　　　A：Auerbach神経叢　M：Meissner神経叢

障害を否定する確証があるものに限り採用しても矛盾はないと考えている。また、その場合、期待すべきことはあくまでも結腸の水分吸収能を低下せしめ、緩下剤の代わりとして軟便を生産するための対症療法としての手法であり、軟便を維持することこそが、結腸部分摘出術の目的と考えるべきであろう。つまり、原因が取り除かれないままの結腸部分摘出術によって発現する術後の軟便を、後遺的な病態として、できるだけ早く便を硬く治そうとする治療行為は的を得たものではなく、逆に便秘や巨大結腸症再発のきっかけをつくることになると考えられる。

⑥ 大部分の巨大結腸症の根治的な対策は、骨盤の便の通過域を広げることである

巨大結腸症の大部分の病因が、巨大化した結腸にあるのではなく、便の通過域が妨げられることにあるとする研究結果から、その対策は、便の通過域を妨げている原因を取り除くことであるとの理論が導かれた。

これはまた、根治的な外科手術法構築の方向を示すものでもあり、骨盤の内腔幅を拡張し、便の通過域を広げる試みはこの理論に合致した根治手段と成り得ると考えられる。もちろん、神経システムの障害や新生物、不可逆的な、しかも重度の平滑筋機能不全などは論外である。

⑦ 特発性という病名は、猫の巨大結腸症ではもはや不要である

本章の、猫の巨大結腸症発症の要因探しと、ヒルシュスプルング病様疾患の陰影を求める研究で明らかとなった証拠を踏まえ、推論を試みると4つある。

すなわち、第1は、巨大結腸症発症の背景となる重要な要因は、どうやら消化管にではなく骨盤の便の通過域にある。

第2には、真性のヒルシュスプルング病がたとえ猫に存在するとしても、これは、新生児に特徴的な先天性の遺伝性疾患であることから、猫という種の中では、遺伝子的なバグとしてヒト以上に厳しく淘汰されて来ていることを想定すれば、ヒトのヒルシュスプルング病より、さらに発症率の低い稀なものかも知れない。

第3に、Yoder J.T. らが報告した後天的なヒルシュスプルング病については、筆者らの検証の結果、これもまた、ごく稀な例であり、特発性という1グループを形成するに足るものかどうかすら疑問である。

第4に、Washabau R.J. らの平滑筋の機能不全説で、結腸が原発か二次的かの疑問については、筆者らの研究結果からは、二次的な障害であるとの考えを支持したい。その意味で、今後、猫の巨大結腸症に特発性巨大結腸症という病名を付する場合は、より一層慎重な病態の探索を期するべきであろう。

おわりに

猫の巨大結腸症は、小動物診療従事者誰もが日常の中で抱えるやっかいな病気である。交通事故による骨盤狭窄や栄養性二次性上皮小体機能亢進症など、明らかに後天的な病因で引き起こされるものは別として、未だに『特定ができぬ理由』で巨大結腸症になる症例が多い。

われわれは、そのような場合に、特発性巨大結腸症という都合の良い箱を用意し、そのような症例を箱の中にそっとしまい込んできたきらいがある。もうそろそろ、このパンドラの箱を開け、その中の出来事を白日の下に明らかにしたい。そんな願いから本章ではその概念の構築に挑戦してみた。その原点には、ヒトのヒルシュスプルング病の病態や平滑筋の機能不全をもってしても、猫の巨大結腸症は説明がつかぬ部分があったからである。

筆者は、猫の巨大結腸症発症のきっかけは、大部分のものは消化管にではなく、猫の特異性ともいえる骨盤の便の通過域の狭さが背後で影響を与えていると考えた。

言い換えると、交通事故が起こり、犬と猫で同じだけ骨盤狭窄が起こったとしても犬は便の通過が可能であり、猫は、骨盤の内腔が狭い分だけ巨大結腸症に発展するケースがあるのではないか。高齢で体力が低下し、筋肉が衰え、排便のパワーを何割か失った場合でも、犬は何とか排便にこぎつけるが、猫は巨大結腸症に陥るケースも予想できる。このように考えると、猫の巨大結腸症の中で起こっているすべての出来事に合点がいく。

願わくは、本章が猫の巨大結腸症診療の現場にあって、今後、診断を付す際に、猫の特異性とも言うべき便の通過域の狭さを考慮して頂き、加えて、読者諸兄の筆者へのさらなるご教示とご指導を心からお待ち申し上げたい。

猫の巨大結腸症

第2部
猫の巨大結腸症への内科的対処法

はじめに

猫の巨大結腸症は突発的に起こる病気ではない。排便回数が徐々に減り、便秘を繰り返し、3日に1度が週に1度となり、『今日こそは』が何度も繰り返された後、気がついてみると抜き差しならぬ状態になっているものがほとんどである。また、交通事故による骨盤狭窄や栄養性二次性上皮小体機能亢進症などが疑われる場合は、あらかじめ『近いうちに巨大結腸症が始まる』ことが予想できることもある。

しかし、まだこの段階では外科手術の対象にはならない。内科治療により、まだまだがんばれるものがほとんどである。このような場面で活躍するのが、浣腸の手法や緩下剤と呼ばれる一群の薬である。その前にもうひとつ、行うべきことがある。それは、目の前にある症例の病態を明らかにし、確かな診断名を付し、治療計画を立てるための分類作業である。

第1部では、猫の巨大結腸症の概念について、筆者なりの考えを述べてみた。第2部では、巨大結腸症の分類および具体的な対策としての浣腸や緩下剤の使い方など、内科的な治療を中心に考えてみたい。

I 猫の巨大結腸症の分類

1 猫の巨大結腸症の分類と背景

猫の巨大結腸症は、研究者や目的によってさまざまに分類されてきた。これがまた、たいへん曖昧で、おそらくは、まだわれわれ獣医師が納得できるようなものは何ひとつないといって良いだろう。要は、誕生を境目とした経時的なステージで分けていくか、病態から見通すか、現場の目的に合ったもっとも使いやすい分類が一番で、病名を統一しようと枠にはめすぎると、分類自体が無理になってくる。

正しく分類するには病態を明らかにしなければならず、病態を明らかにするには原因を確定しなければならない。実は、原因がわからなければ治療計画も立たないのである。その意味でも、分類は大切である。

例えば、Washabau R.J.[25] は、まず、巨大結腸症を拡張型と肥大型の2つに分けている。

これは、膨大した結腸の病態に沿って分類したものであり、特発性巨大結腸症は拡張型に、骨盤の狭窄や変形は肥大型に入る。

また、Hudson E.B.[7] は、先天性と後天性に分け、後天性をさらに機能性と器質性に分けた。さらに、Yoder J.T. らが後天的であるとした結腸の神経節不全のものは、真性のヒルシュスプルング病であるとして、先天性に入れている。しかし、Yoder J.T. らの考えに従えば、これも後天性の器質性となる。

さて、人医のほうに目を移すと、こちらでは、猫の巨大結腸症で問題になる骨盤狭窄や変形などの巨大結腸症は文献にも見当たらず、器質性としてはもっぱら真性のヒルシュスプルング病が代表的なものである。

むしろ、便秘という観点からは、現代病とも言うべき機能性の痙攣性便秘、『過敏性腸症候群』が重要であることから、ヒトの医療では機能性の便秘、獣医療では器質性の便秘が治療の中心となる。

2 猫の巨大結腸症の分類

猫の巨大結腸症をまず、器質性と機能性とその他の3つに分けた（表1）。また、器質性を先天性と後天性に分け、学問的にはっきりしないヒルシュスプルング病とWashabau R.J. の提唱する平滑筋不全の症例に一応の配慮をした。

その他の項目では、症候性便秘と薬物性便秘を設け、内分泌性疾患や薬物投与の二次的な結果として発症するであろう巨大結腸症を想定した。しかし、筆者はこの種の巨大結腸症は残念ながら、未だ経験がない。

特発性巨大結腸症の解釈如何によっては、分類も大きく変わってしまう。その病態については、Yoder J.T. らは後天的なヒルシュスプルング病とし、Washabau R.J. らは平滑筋の機能不全であるとしている。

それに対し筆者は、重度の便秘中の62％もの症例が特発性巨大結腸症と診断されている現状を顧みて、真性のヒルシュスプルング病の存在は否定せず、腸の神経節欠損のない新たな疾患の存在を想定し、特発性巨大結腸症としてみた。

① 猫の巨大結腸症

Ⅱ 猫の巨大結腸症の内科的治療

1 猫の巨大結腸症の診断と治療計画

ある日、便秘の猫が来院する。その時点で、単なる一時的な便秘なのか巨大結腸症なのかを、まず特定する必要があるが、これがまた、たいへん難しい問題である。人医の分野では、3日に1回以下の排便を便秘症としている。稟告をよく聴き取り、今までのエピソードを分析し巨大結腸症を想定した治療計画を立てる。

① 猫の巨大結腸症の診断

巨大結腸症であることは、腹部の触診で一目瞭然である。しかし、ルーチンな血液生化学検査の中から、とくに巨大結腸症に特徴的なパターンを抽出することは、実はなかなか難しい。腎機能と電解質にはとくに注意を要する。結腸内の便の多少にかかわらず、突然、尿閉を起こす症例も多い。

Washabau R.J.[25] は血清 T4 濃度の測定を推奨しているが、これは甲状腺機能低下症の関連診断を目的としたものであろう。初診時の稟告、ヒストリー、血液生化学検査をはじめとする抽出データの結果は、後の緩下剤の選択や投与計画にも大きく影響する。

さてここからが重要で、いったいなぜ巨大結腸症になったかをあらゆるデータを駆使して原因を探っていく。この作業を怠ると、特発性巨大結腸症例がどんどん増えることになる。

X線検査を行うことで、原因はより明確となる。骨盤骨折や栄養性上皮小体機能亢進症による骨盤変形は見ただけでわかる。意外に多いのが腰椎や仙椎の奇形と、最後腰椎と仙椎間の変形性脊椎症である。肥満や削痩も考慮する。馬尾症候群や直腸憩室では、便が骨盤を通り過ぎ、すでに肛門の近くまで進んでいるので判定がつく（図1-a, b）。筆者がもっとも診断に際し重視しているのが、指を用いた直腸検査である。骨盤内腔の角度、広さ、形、便の有無、さらには、直腸憩室や新生物を発見し、思わぬ収穫をみることもある（図2）。

人医では、便秘や巨大結腸症など消化管機能異常の診断に際しては、ＭＲＩなどを駆使し、直腸肛門内圧検査、RI（radioisotope）による消化管機能検査、Feco-flowmetry による排便機能検査、内・外肛門括約筋電気活動検査などが実施されている。しかし、猫の場合は、コミュニケーションが保てるわけでもなく、賛同を強請するわけにもいかず、これらの検査を実施することには数々の問題を克服しなければならない。

② 直腸肛門内圧測定の試み

ここでひとつ、畏敬の念を持って紹介したい文献がある。それは Garry R.C.[4] によって 1933 年に書かれた "Responses to stimuration of caudal end of large bowel in cat" という報告である。

これは今から 70 年も前に、猫を用いて結腸遠位端の内圧を測位した研究者のもので、実はこの報告が、ヒト

---

1. **器質性巨大結腸症**
   - (1) 先天性巨大結腸症
     - ①真性ヒルシュスプルング病（腸神経節不全あり・日本国内では確認なし）
     - ②骨格奇形による巨大結腸症（腰椎、仙椎、骨盤などの奇形、マンクス猫の奇形）
   - (2) 後天性巨大結腸症
     - ①ヒルシュスプルング病類縁疾患（Yoder タイプ、腸神経節不全あり・日本国内では確認なし）
     - ②突発性巨大結腸症（腸神経節不全なし・日本国内では確認なし）
     - ③神経伝達路障害による巨大結腸症（脊髄損傷や馬尾症候群など、Key-Gaskell 症候群）
     - ④骨盤狭窄を伴った巨大結腸症（交通事故や落下など）
     - ⑤骨格の変形による巨大結腸症（栄養性二次性上皮小体機能亢進症や骨増生など）
     - ⑥骨盤周辺の新生物や他臓器による結腸の絞扼、圧迫、癒着、浸潤などによる巨大結腸症
     - ⑦肥満による巨大結腸症
     - ⑧平滑筋の障害による巨大結腸症（Washabau タイプ）
     - ⑨会陰ヘルニアや直腸憩室による巨大結腸症

2. **機能性巨大結腸症**
   - (1) 弛緩性巨大結腸症（高齢、削痩、慢性の内臓疾患などのため、腸管以外の排便パワーの低下により起こる巨大結腸症）
   - (2) 直腸性巨大結腸症（ケージ飼育、長期入院など、便意の抑止が長い間続いた場合に起こる巨大結腸症）

3. **その他の巨大結腸症**
   - (1) 症候性巨大結腸症
     糖尿病、甲状腺機能低下症、上皮小体機能亢進症、中枢神経系疾患、膠原病などの結果起こる巨大結腸症
   - (2) 薬物性巨大結腸症
     長期にわたる便秘を引き起こす薬物投与の結果起こる巨大結腸症

表1　猫の巨大結腸症の分類

の医療の中では、その後の消化管診断の玉稿として今でも読み継がれているものである。その足跡をたどり、筆者自身が直腸肛門内圧測定に挑戦した経験があるので、それをご紹介してみたい。しかし、猫の消化管の内圧を測定する装置などあろうはずもなく、かといってヒト用の高価な装置の転用などは夢のまた夢である。そこで、測定装置の自作を試みた。この装置は、未だ試作の域を出ないが、近未来にはこのような装置が、小動物診療の現場で日常的に消化器の診断に汎用されることを夢に描きながら現在も改良の途上にある。

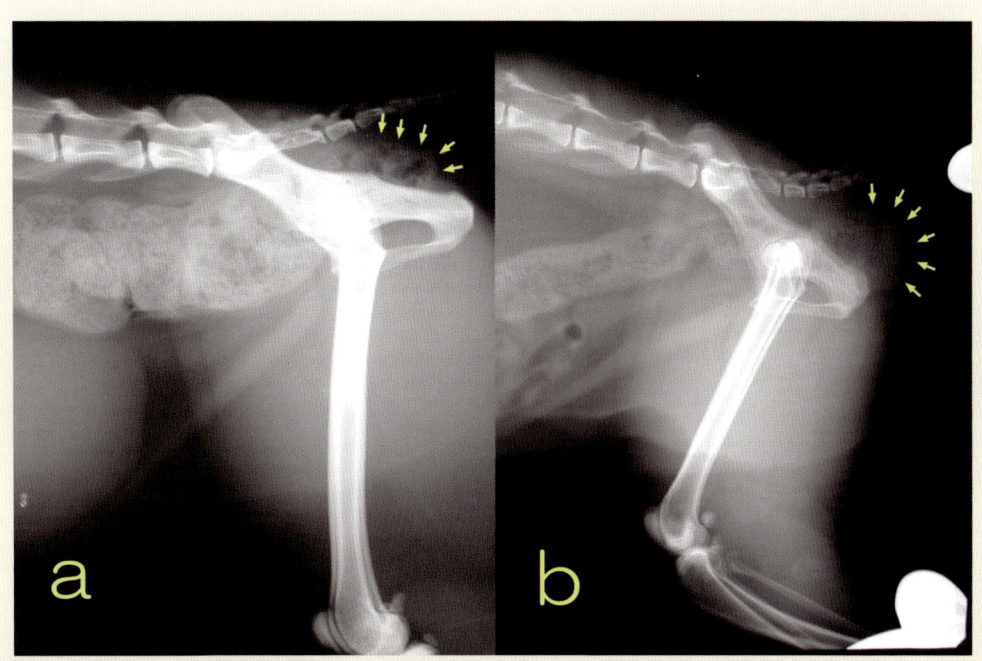

図1 骨盤の広さに関係ない巨大結腸症
　　a：外傷性馬尾症候群
　　b：直腸憩室
　　いずれも、便は骨盤内腔を通り過ぎ、肛門近くまで迫っている（黄色矢印）

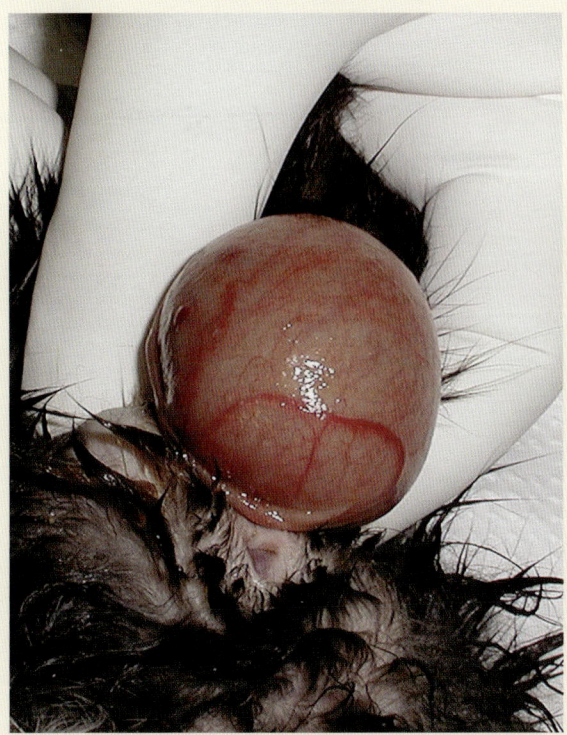

図2 指による直腸検査でみつかった新生物（？）
　　この症例では、肛門腺の開口部が閉塞したため、直腸側の貯留が著しくなり排便が妨げられていた

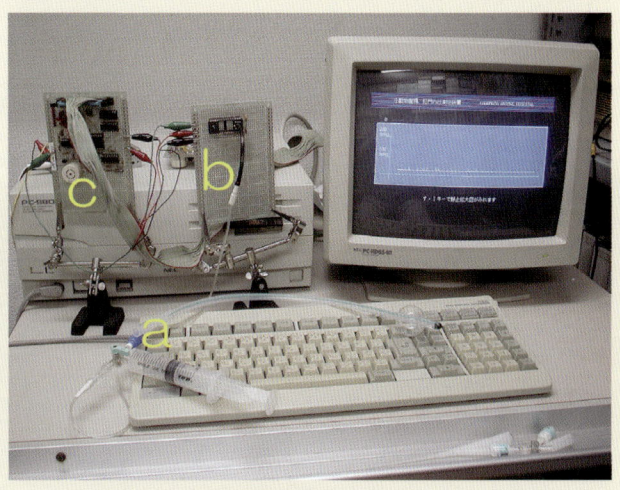

図3 自作の直腸・肛門内圧測定装置
　　a：24Fr.の膀胱留置用導尿カテーテル。これを猫の直腸の中に挿入し、怒責によって生ずる内圧をセンサー（b）が感知する
　　b：圧力センサー部。カテーテルからのエアーの変化を電圧に変えAD変換部に渡す
　　c：AD変換部。センサーから受け取った電圧の変化をデジタル信号に変えコンピュータに入力する

① 猫の巨大結腸症

③ 直腸肛門内圧測定装置

　ヒトの直腸肛門内圧の測定に関しては、大きく2つの流れがあり、一つはバルーン方式と呼ばれ、直腸内でバルーンを膨らませ、直腸肛門反射により生じる圧変化をバルーンの内側から測定するもので、他方は、オープンチップ方式で、受圧孔の付いた細いチューブを数本直腸内に挿入し、さまざまな場所の直腸内の圧を直接測定するものである。オープンチップ方式は装置が膨大なため、バルーン方式に挑戦した。

　直腸内に挿入するバルーンは、24Fr.の医療用の膀胱留置用導尿カテーテルを使用し、チューブから押し出されて来る空気圧の変化を圧力センサーで計測し、抽出した電圧をAD変換し、パソコンに取り込み記録をする（図3）。

　簡単に聞こえるかも知れないが、AD変換基盤を作るのに1カ月、ヒトの血圧計を2台壊して、ようやくパソコンの中に数値が表れた（図4）。今のところは、馬尾症候群（図4-a）と巨大結腸症（図4-b）の区別ができる程度である。今後、より精度の高いものにしたいと考えているが、読者諸兄はどうか、自作など無謀なことは考えず、医療用の既製品を使われることをお勧めする。

② 猫の巨大結腸症の浣腸法

① ヒトと猫の浣腸の違い

　まずは、巨大に膨らんだ結腸内の便を浣腸によって強制的に排出しなければならない。

　猫の巨大結腸症における浣腸は、ヒトのそれとはおのずから大きく考え方が異なる。ヒトの便秘は、思い切り腸の蠕動と怒責の力を呼び戻せば、直腸憩室や直腸がんでもない限り、便の通過を妨げるものはない（図5）。

　そのため、ほとんどの浣腸には、腸管刺激の強いグリセリンが使用される。一方、猫の場合は、グリセリン浣腸を決して使用してはならない。なぜならば、巨大に膨大した結腸は、腸壁も希薄で収縮のパワーは低下しており、すでに、あらゆる力を総動員し、硬い巨大な便との戦いに惨敗した姿と解釈されるからである。

　したがって、グリセリンの刺激により、何度もむなしい怒責を起こさせることは全く無意味であるばかりでなく、無駄な体力の消耗を来すことにもなり、場合によっては命に関わりかねない。

② 猫の浣腸の基本的な考え方

　一言で言えば、猫の浣腸とは、結腸内にある石のよう

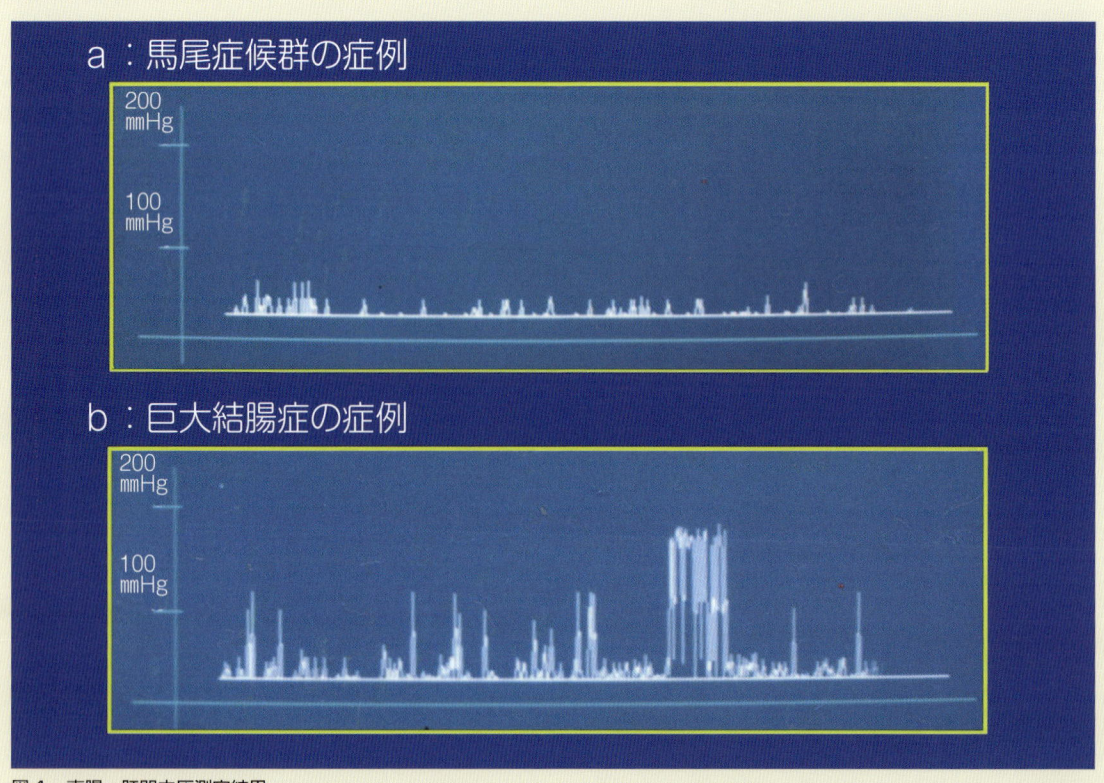

図4　直腸・肛門内圧測定結果
　　a：馬尾症候群の症例。怒責が起こらず、電圧の変化は明白ではない
　　b：巨大結腸症の症例。明らかに怒責が生じており、神経システムが機能していることがわかる

な大きな塊の便を、その直径よりも細い骨盤内腔の管の中に、いかに上手く通してやるかの手法にほかならない。その場合、腸に刺激のあるような薬物を使わず、怒責の力など、猫の側からのサポートはまったく期待してはいけない。すなわち、

a．腸管粘膜と便との間に、液体や粘滑剤などによる保護層を形成させる。
b．結腸内の便の塊を小さくする方法を考える。
c．用手にて、便の塊を1つずつ、骨盤の後口部に押し送る技術に習熟する（図6）。

この3つの条件が満たされ、幸いにも猫が穏やかな性質であれば、40％の症例について浣腸は問題なく成功する。さらに30％のものは鎮静を必要とし、残る30％は全身麻酔下でストレスを取り除いて強制排便を行う。

③ 結腸内に注入する薬剤

結腸内に注入する薬剤は、便のブロックの1つずつを分離し、狭い通過域を通りやすくさせることが一番の目的である。一般的には、温かい生食、または乳酸リンゲル液などにグリセリンを少量混ぜて20〜30cc使用するなどの記述もあるが、液体を多量に入れることにあま

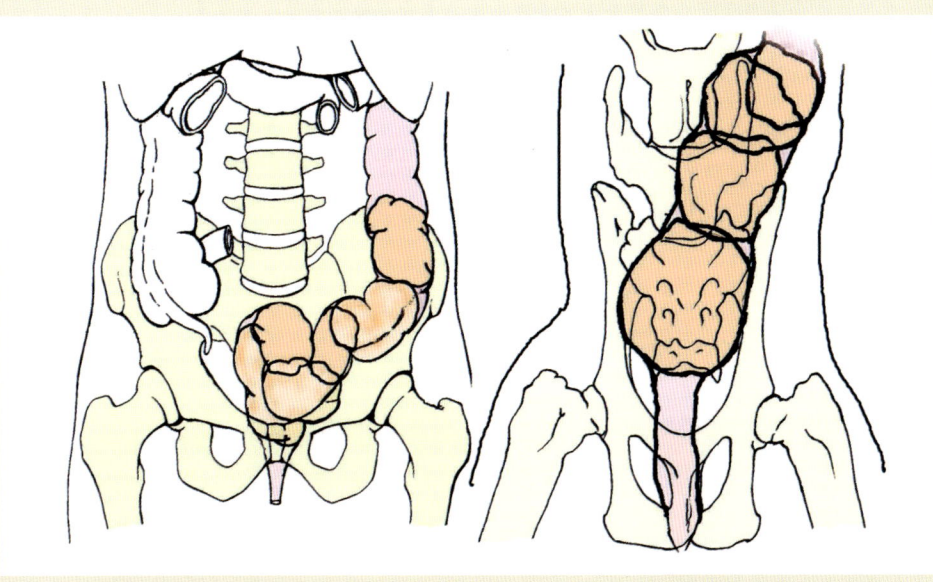

図5　ヒトと猫の便秘の構造的な違い
　　　ヒトの便秘は骨盤腔に大きな余裕があるが、猫の場合は骨盤腔前口より便のほうがはるかに大きい

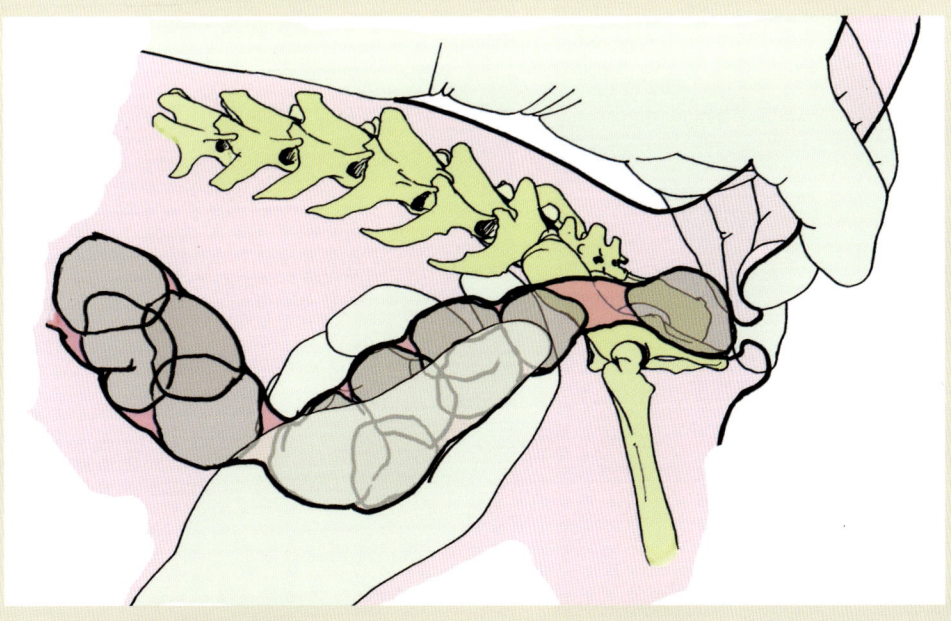

図6　用手にて行う強制排便の要領
　　　利き手の掌の中にいくつかの便のブロックを握り、ちょうど乳搾りと逆の要領で、1個ずつ形を整えて骨盤前口より内腔に押し送る

❶ 猫の巨大結腸症

りこだわる必要はない。

　液体によって、便塊を溶かそうなどと考えるより、むしろ、電解質や浸透圧、腸壁への刺激のコントロールには細心の注意を払わなければならない。要は、便の表面を薬液でコーティングし、腸との摩擦を少なくすることが目的であり、これだけでも、ずいぶん便出しが楽になる。

　筆者は潤滑剤を愛用している。これの存外の効用は、便で汚染された液体が飛び散ることなく、診療台がまったく汚染されないことで、その後の作業がずいぶんと楽になる。パラベン（ヒトの家族計画用、牛の直腸検査などに使用、生食で2倍に薄める、図7-b）、高分子シリコーン（ヘアケア用品に使用、約0.5cc/回、図7-a）などの潤滑剤をカテーテルで結腸内に注入し使用するが、両剤とも猫の結腸粘膜への安全試験はなされていない。

　しかし、前者はヒトや牛のデリケートな粘膜に使用するものであり、まず、問題はないだろう。高分子シリコーンに関しては、犬、ウサギ、ラットに対する毒性試験で無害とする文献があり、また、ヒトの化粧品としても認可され、食品添加剤でもある。とくにシリコーンは現在のところ猫への使用でまったく問題は発生していないが、大腸粘膜への影響がどの程度あるのか疑問の余地は多少残る。

④ 便の塊を小さくする方法

　厳密な言い方をすれば、巨大結腸症といえども大腸の分節運動の効果で、便はある程度の大きさに小分けされており、その便が骨盤前口の直前まで『ところてん式』に押し送られ、折り重なり、境目がわからないほど均質になっている場合がほとんどである。

　そのため、強制排便作業の過程で、再び小さなブロックに分離させることができればしめたものであるが、なかには、まったく外側からの作業では小分けが不可能なものもある。そのような場合は、器具を用いて肛門から機械的に便のブロックを崩さなければならない。

　使用する器具は、獣医師それぞれが各自の経験から、いろいろな手術器具を代用して用いているのが一般的である。もっとも大切なことは、盲視下で、いかに腸管を損傷せずに簡単に便を細分化できるか、ということに尽きる。

　図8は、筆者が現在実際に使用している『便出補助器具』である。手前から、胎盤鉗子、食道鉗子などの手術器具を代用したもの（図8-a）、その奥は、音波式電動歯ブラシを改造し、音波の振動で糞塊を砕いて行こうとするものである（図8-b）。自分からどんどん砕いて行くほどのものではなく、多少の振動も我慢しなければならないなど問題もあるが、ある程度、手助けにはなってくれる。もっとも威力があるのが最後列の脈流ジェット水流電動歯磨器を改造したもので（図8-c）、ノズルの部分の曲がりを真直ぐにし、腸を傷つけぬよう少し太めに滑らかに改造したものである。このタンクの中に、生理食塩液や乳酸リンゲル液を入れ、先端から出る断続的なジェット水流とノズルを使って便を切断して行く。

⑤ 猫の浣腸時の保定の仕方

　猫の性質によって排便の方法も異なるが、図9には筆者が強制排便を行っている様子を示してみた。5ccの潤滑液パラベンを5ccの乳酸リンゲル液で薄め結腸

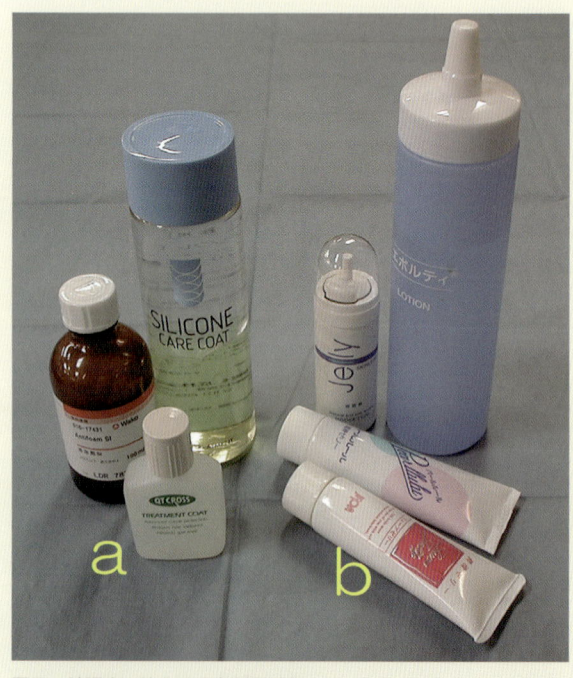

図7　結腸内に注入する各種潤滑剤
　　a：高分子シリコーンを主成分とした潤滑剤各種
　　b：パラベンを主成分とした潤滑剤各種
　　　（現場では、bが最適）

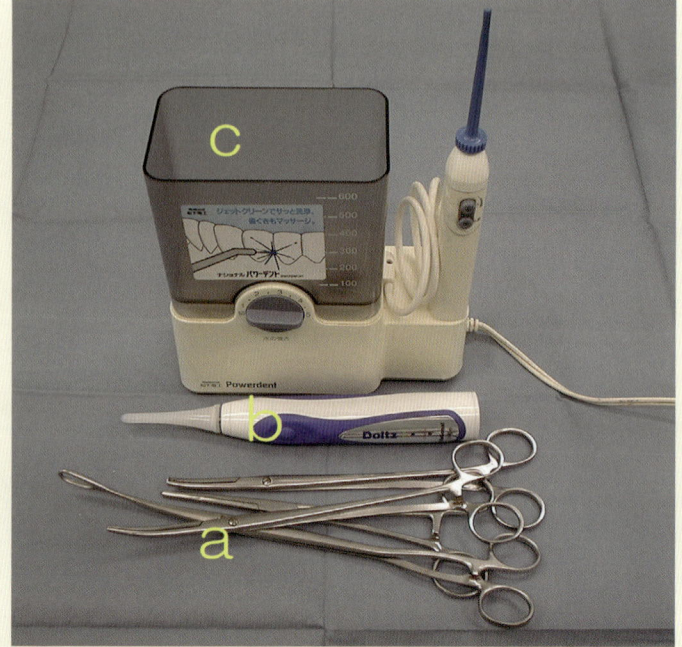

図8　各種便出し補助器具
　　a：胎盤鉗子、食道鉗子などの手術器具を代用したもの
　　b：音波式電動歯ブラシを改造したもの
　　c：脈流ジェット水流電動歯磨器を改造したもの

内に注入し、排便を行った。あまり注入する液体の量が多いと周辺に便が飛び散ることもあり、この程度の量で十分と思われる。

このケースでは、飼い主の協力も得て、術者と助手合わせて3名が必要であったが、これが麻酔なしで咬傷事故にも一応配慮し排便を行う最低限の単位となるであろう。鎮静を行う必要がある場合は、プロピオニールプロマジン（コンベレン）0.25mg/kg IM、ブトルファノール（スタドール）0.1 mg/kg IM、塩酸ケタミン（動物用ケタラール50）10mg/kgIMなどを使用する。鎮静で保定が不十分な場合は、呼吸管理を万全にして、全身麻酔を行う。

3 猫の巨大結腸症に対する緩下剤の投与

① 猫の巨大結腸症の緩下剤の選択

浣腸が成功したら、次は、計画的な緩下剤の投与である。現在、国内で販売されているヒトの緩下剤はざっと見積もって約100種類ある。表2は、標準的な緩下剤を分類しまとめてみたものであり、図10は、これらの緩下剤を集めたものである。実は、このような表ほど、われわれ臨床家にとって虚しく腹立たしいものはない。なぜならば、この表を見ただけでは、どれが猫の巨大結腸症に採用できるかが、全くわからないからである。そのため、本稿では、数年前に筆者が行った一連の緩下剤投与試験をもとに、これらの緩下剤の1つ1つについて改めて詳細に検討を加え、猫の巨大結腸症に、どの緩下剤がもっとも使いやすいかを選択し直したデータがあるのでご紹介したい。

Washabau R.J.は、猫の巨大結腸症のうち、特発性巨大結腸症の重要な病態は、消化管の平滑筋の機能不全、すなわち筋力の低下があると報告し、その概念に基づき緩下剤では、シサプリド（販売中止）、イトプリド、モサプリドなどの、平滑筋に作用し、筋力を増強する消化管運動促進剤を推奨している。これに対し筆者は、猫の巨大結腸症発症の鍵は、消化管にではなく、便の通過域の狭さにあり、消化管の病態は二次的なものであるとの考えから、消化管運動促進剤よりも狭い骨盤内腔をわずかなパワーで通過させるための便の弾力や軟らかさを重視した。

さらに、実際の現場で飼い主が使いやすい緩下剤の条件を設定し、猫を対象に投与試験を行い、猫の巨大結腸症に適した緩下剤を科学的にいくつか選択した。

② 猫の緩下剤に要求される条件

巨大結腸症の猫の緩下剤として要求される条件を、次の6項目に設定した。
① 食事に混ぜて投与できるか（嗜好性が高いか）。
② 腸からの消化、吸収はなく、長期間投与しても安全か。
③ 値段が安く、入手が容易で安定しているか。
④ 投与量と効果が連動し、投与量に幅があるか。
⑤ 投薬中も食物の消化、吸収には問題がないか。
⑥ 便は適度な形を保ち、弾力と軟らかさがあり、管理しやすいか。

項目④は、緩下剤の薬用量と効果について述べたもの

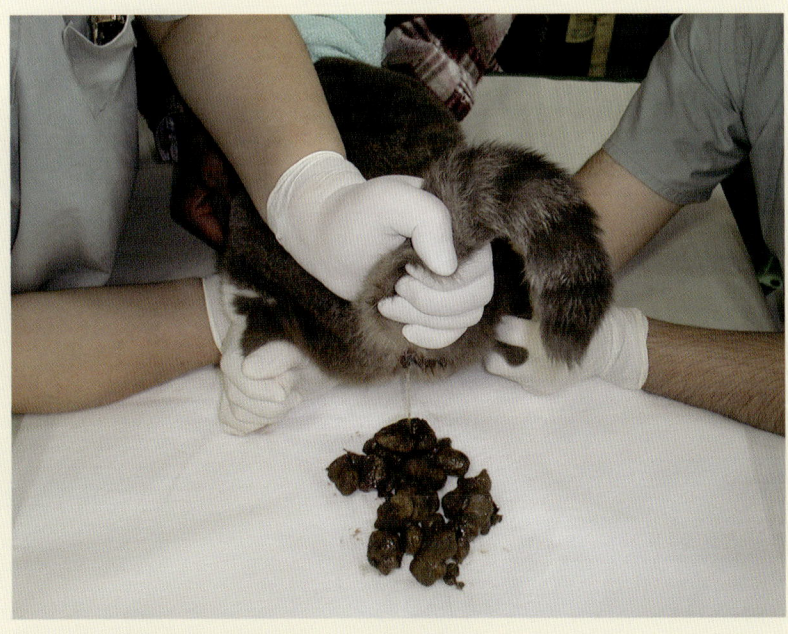

図9　猫の浣腸時の保定の仕方の例
潤滑剤を使用しているため、便や液体が飛び散らず、作業が楽である

❶ 猫の巨大結腸症

で、投与量の増減が確実に便の硬さに反映されなければ、他の条件が良くても、使いやすい緩下剤とは言えない。とくに項目⑥は大切なことであり、便が軟らかくなっても水様便になったのでは、猫のQOLを保つことにはならない。便は形を保ち、しかも軟らかく、かといって泥状にはならず、ある程度しなやかさも必要であり、緩下剤の投与量の増減に便の形状が連動し、調節が容易であることが要求される。

③猫に対する緩下剤の投与試験

表2の緩下剤の中から、第一候補として表3の17種類の緩下剤を選定し、10頭の正常猫と4頭の便秘、または巨大結腸症猫を対象に、延べ日数にして140日間の緩下剤の投与試験を行い、軟便の硬さやしなやかさ、さらに、便の水分含量などを科学的に分析し、得られた結果に対し、前述の6つの条件を当てはめ、より多くの条件を満たす緩下剤を選択した。その結果を示したのが表3である。

この表3によると、もっとも成績が良かったのは食物繊維サプリメントのオオバコであった。これは、オオバコの一種、プランタゴ・オバタの種皮の粉末で、嗜好性

```
Ⅰ. 機械的緩下剤
  1）塩類緩下剤…クエン酸マグネシウム（マグコロール）、硫酸マグネシウム、酸化マグネシウム
  2）膨張性緩下剤…カルメロースナトリウム（バルコーゼ）、ふすま、オオバコ、かぼちゃ、寒天、コンニャク、ナタデココ、
    ポリカルボフィルカルシウム（コロネル）
  3）潤滑油・粘滑性緩下剤…白色ワセリン（cat lax）、流動パラフィン（ラキサトーン、スッキリン）、ポリエチレングリコール
  4）浸潤性緩下剤…DSS（dioctyl sodium sulfosuccinate：バルコゾルなど）
  5）糖類緩下剤…Lactulose（ラクツロース・シラップ「日研」）、D-sorbitol（D-ソルビトール液）
Ⅱ. 刺激性緩下剤
  1）大腸刺激性緩下剤
    a）アントラキノン系誘導体…Sennoside（プルゼニド錠）、大黄、アロエ、Cascara sagrade（カサントラノール：バルコ
      ゾルなど）
    b）フェノールフタレン系誘導体…Phenovalin、ラキサトール
    c）ジフェノール誘導体…Sodium picosulfate（ラキソベロン）
    d）その他…Bisacodyle（ビサコジール、コーラック）、Sodium bicarbonate、Dibasic sodium phosphate（レシカルボン）
  2）小腸刺激性緩下剤…ヒマシ油、オリーブ油
Ⅲ. 自律神経作動薬
  1）副交感神経刺激薬…Neostigmin（ワゴスチグミン）、Carpronium（アクチナミン）、Bethanechole（ベサコリン）、
    Distigmine bromide（ウブレチド）
  2）交感神経遮断薬…Tolazoline（イミダリン錠）
  3）副交感神経遮断薬…Mepenzolate bromide（トランコロン）、Pipethanate HCL（イリコロンM）
  4）Auerbach神経叢興奮性…Nux vomica（ホミカエキス）、アトロピン剤（微量）
Ⅳ. 漢方薬…麻子仁丸、乙字湯
Ⅴ. 緩下剤ではないが
    Cisapride（シサプリド：発売中止）、クエン酸モサプリド（ガスモチン散）、塩酸イトプリド（ガナトン錠）
    Aclatonium napadisilate（アポビス）、Dinoprost（プロスタルモンF）、Octothiamine（ノイビタ）
```

表2　代表的な緩下剤

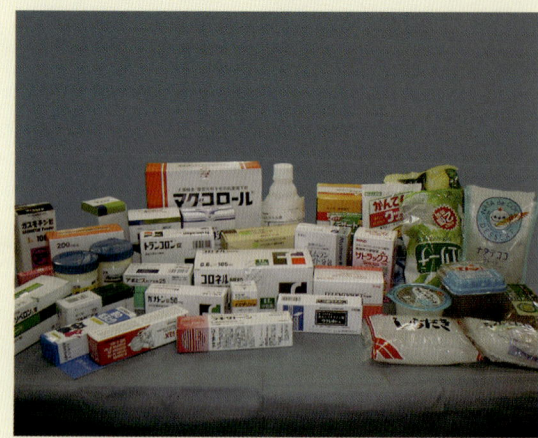

図10　各種緩下剤

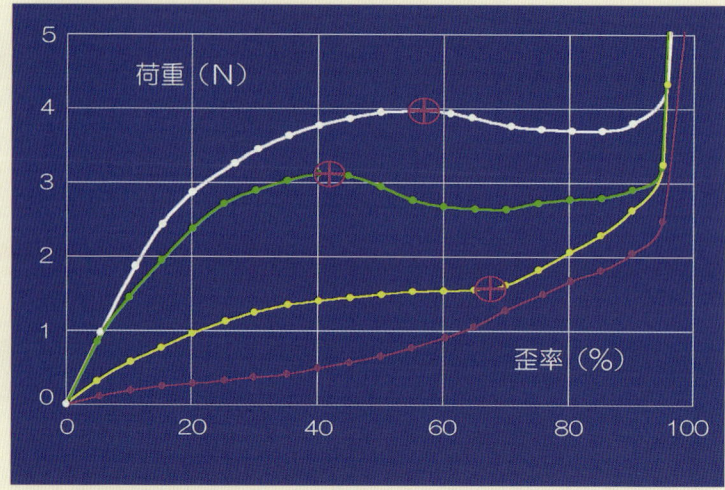

図11　3種緩下剤の特性曲線
　白：コントロール　　緑：ラキソベロン
　黄：ラクツロール　　ピンク：オオバコ
　ピンク＋印は、それぞれの便の平均的な破断点を示す

も変わらず、水様便になることもなく、軟らかいカマボコ状の便になるので、すこぶる扱いやすい。

これに次ぐものとしては、ラクツロース、バルコーゼ、またコンニャクも捨てたものではない。一方、酸化マグネシウムやピコスルファートナトリウム（ラキソベロン）などは、効果はあるものの、なかなか薬用量と便の形状がうまく連動しない場合もあり、むしろ併用剤としての活用が期待される。

④ **緩下剤の特性曲線**

表3にある17種類すべての緩下剤について、投与後の便の軟らかさ、しなやかさや水分含量の特性を測定した。測定にあたっては、クリープメーター（RE-3305S：山電）を使用し、北海道立工業技術センターとの共同研究として行った。図11は、その測定結果の一部であるが、それぞれ、ラキソベロン（緑）、オオバコ（ピンク）、ラクツロース（黄）の特性が曲線によって示されている。図12は、それぞれの投与例の典型的なものを示した。

これによると、ラキソベロン（緑）はコントロール（無投与時の平均値：白）にくらべて荷重が低く、つまり軟らかく、コントロールが便の直径の60％までプローブが進んだところで破断（ピンク＋印）したのに対し、40％で破断した。すなわち、ラキソベロンはコントロールにくらべて、少し軟らかく脆くなっていることがこの曲線から読み取れる。

また、ピンクのオオバコは、コントロールにくらべ荷重が極端に低く、破断点がまったくないことから、実際の便は、軟らかくしなやかである。

図13は、測定したすべての緩下剤の硬さと水分含量の相関を散布図として示したものである。これによると、選択した緩下剤は大きく2つのグループに分かれ、ナタデココ、ライスコンニャク、オオバコなどのいわゆる食物繊維サプリメントは、軟らかく水分含量の多い便を生産することがわかる（ピンク○印）。一方、刺激性緩下剤、自律神経作動薬の場合は、そこそこ便は軟らかくなるが、水分含量はあまり多くないという傾向にあり（黄色○印）、とくに流動パラフィン（グリーン○印）はコントロールの水分含量58％よりもさらに低い55.8％であったことはたいへん興味深い。

⑤ **推奨される緩下剤**

さて、巨大結腸症の猫に投与する緩下剤は、前述した6つの条件を満たすことが必要であるが、なかでも嗜好性と生体への影響が必須条件である。嗜好性については、飼い主が手軽に、しかも毎回の食事に混ぜて与えられることが大切であり、漢方薬などの中には、猫が一度舐めただけで唾液を周囲一面に撒き散らし2日間もまったくなにも食べなくなるものもある。『良薬口に苦し』は猫には通じないようだ。

また、毎回の消化管からの吸収は微量であっても、年

	緩下剤	成分	嗜好性	長期投与の可能性	入手の容易さ	便の形のコントロール	便の軟らかさ	便のしなやかさ	便の水分含有量	備考
①	酸化マグネシウム	酸化マグネシウム	○	○	○	●	○	△	69.3	塩類緩下剤
②	オオバコ	オオバコ	○	○	○	○	○	○	75.2	膨張性緩下剤
③	コロネル	ポリカルボフィルカルシウム	○	○	○	△	○	○	66.1	膨張性緩下剤
④	ナタデココ	ナタデココ	△	○	○	○	○	○	74.6	膨張性緩下剤
⑤	バルコーゼ	カルメロースナトリウム	△	○	○	△	△	△	65.5	膨張性緩下剤
⑥	ライスコンニャク	ライスコンニャク	△	○	●	○	○	○	64.6	膨張性緩下剤
⑦	バター	バター	○	●	○	△	○	●	66.9	潤滑性・粘滑性緩下剤
⑧	マヨネーズ	マヨネーズ	○	●	○	●	○	△	68.7	潤滑性・粘滑性緩下剤
⑨	流動パラフィン	流動パラフィン	△	●	○	●	○	○	55.8	潤滑性・粘滑性緩下剤
⑩	ラクツロース・シラップ「日研」	Lactulose	△	○	○	●	●	○	67.1	糖類緩下剤
⑪	ビサコジール	Bisacodyle	○	●	○	●	△	●	61.8	大腸刺激性緩下剤
⑫	プルゼニド	Sennoside	○	●	○	●	●	●	72.2	大腸刺激性緩下剤
⑬	ラキソベロン	Sodium picosulfate	○	●	○	●	●	●	63.2	大腸刺激性緩下剤
⑭	オリーブ油	オリーブ油	○	●	○	△	●	△	53.6	小腸刺激性緩下剤
⑮	イミダリン	塩酸トラゾリン	○	●	○	●	○	●	66.2	交感神経遮断薬
⑯	ガスモチン散	クエン酸モサプリド	○	●	○	●	○	△	67.2	その他
⑰	毛糸	毛糸	△	○	○	△	△	●	68.2	その他

表3　猫によく使われる緩下剤とその特性　　　　　○：もっとも良い　△：良い　●：あまり良くない

① 猫の巨大結腸症

余にわたる投与期間では、生体に大きな影響を与えるものもあり、その意味では薬物ではないが、バターやマヨネーズ、オリーブ油も嗜好性は良くとも長期の投与には耐えられない。結局、これらの投与試験の結果を踏まえ、表3の緩下剤の中から、成績の上位にある7種の緩下剤を選択すると次のようになる。

各々について簡単な説明を加える。

[酸化マグネシウム]

古くからある塩類緩下剤の代表格である。ほかに、硫酸マグネシウムやクエン酸マグネシウムもあるが、嗜好性に問題がないのが酸化マグネシウムである。

クエン酸マグネシウムはその名のとおり、一度、猫に舐めさせてみればよくわかる。二度と使う気になれない。値段も安く、効果も大きいが、調節がなかなか難しいので、単独で使う場合は1日2回投与を推奨。むしろ、他剤との併用で投与する緩下剤として重宝。1回量で約0.25gを目安とする。

[バルコーゼ]

成分はカルメロースナトリウム（CMC）。バルクという名のとおり、生体に無害な、無味、無臭の増量剤と思って良い。腸管内の水分を吸収して膨張するとともに、粘液コロイド液となり、腸壁に物理的刺激を与え排便を促す。高齢猫への投与や長期投与も可。1回量1g以下とし、嗜好性に問題がある場合は和風だしの素「ほんだし」を少し混合する。

[ラクツロース]

生体でほとんど利用されない甘い（強烈に）二糖類を飲ませ、軟便とする。実はラクツロースの効能には緩下剤としての効果は記載されておらず、アンモニア産生菌の発育を押さえるため高アンモニア血症の改善を目的とするなかで、下痢、軟便が副作用（12.3％）として発現するがそれを逆に利用する。1回量3ccを目安とする。

[ポリカルボフィルカルシウム（コロネル：アステラス製薬）]

高吸収性ポリマーで、胃内の酸性条件下でカルシウムを離脱、腸内の中性下で便中の水分によって70倍にも膨れるという。

説明書にある犬の試験では、下痢を誘発することなく、排便頻度、排便量、便の水分含量の増加をみる。また、消化管からの吸収は一切なしとの説明あり。筆者の投与試験では効果はイマイチではあったが要注目。1回1パックを目安。

[オオバコ（プランタゴ・オパタ）]

オオバコの一種プランタゴ・オパタ（リズムランホワイト：大日本製薬）の種皮末を利用した増量剤である。これは、猫の巨大結腸症には、たいへん重宝な緩下剤であり、便に適度な弾力と軟らかさを与え、なによりも興

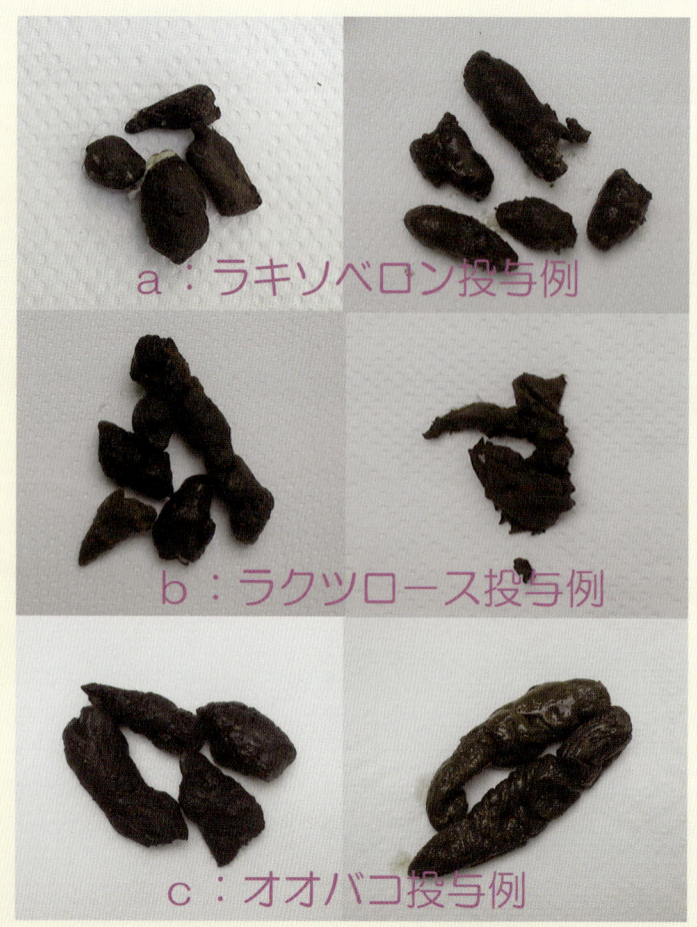

図12　3種類の緩下剤の投与比較
　a：ラキソベロン投与例
　b：ラクツロース投与例
　c：オオバコ投与例
　いずれも、左は投与前で右は投与後

味深いのは、便を素手でつまんでも、手に便がつかぬほど扱いやすい。投与量による硬さの変化もゆるやかで、猫の便秘には筆者がもっとも重宝している最推奨品。種皮末以外に種だけのものもあるが利用不可。リズムランホワイトの場合は1回1/2パックを目安とする。

[ライスコンニャク]

コンニャクマンナンも生体ではあまり利用できない。寄生虫が出たとして1本の"しらたき"を大事そうに持参された飼い主を迎えた経験も、一度や二度あるのではなかろうか。コンニャクを素材にしたライスコンニャクなる製品があり、その名のとおり、コンニャクをお米の大きさにしたものである。これを米と同量に混ぜ炊いて食べると、1膳食べても半膳しか米が入っていないという哀しいダイエット食品である。

これを猫に与えると、適度に弾力のある軟便ができる。嗜好性に問題ある場合は、あらかじめ和風だしの素「ほんだし」などの味をつけておくのも良し。食事量の1/3を目途に混入し与える。

[ピコスルファートナトリウム]

ラキソベロンなどで知られる滴剤型緩下剤の代表で、投与量が少ないという点では使いやすい。作用は、腸管蠕動運動の亢進と腸管からの水分吸収阻害である。調節は難しいが、診療現場では結構利用価値は高い。毎回5滴を食事に滴下するが、他剤との併用も考慮。

[番外編その1：毛糸の話]

前述の17種の項目の中に"毛糸"があることに疑問を持った読者もいると思う。この毛糸については、現在も投与試験中で、まだ確かな結果は出ていないため、参考資料程度としてご理解を頂きたい。

筆者が毛糸に着目したのは、10年ほど前にテレビにて排便して間もないというトラの便の大写しを見たことからである。そこには、さまざまな動物の毛で構築された"毛の塊"が認められ、その後も注意して食肉動物の便を観察すると、ほとんどのものに多量の毛が入っている。そこで、食肉動物の消化には、むしろ動物の体毛が素材として必要なのではないかと考えた。

そこで、数頭の便秘猫に毛糸を細かく切ったものを与えてみると、結構成績は良い。しかし、科学的な根拠が

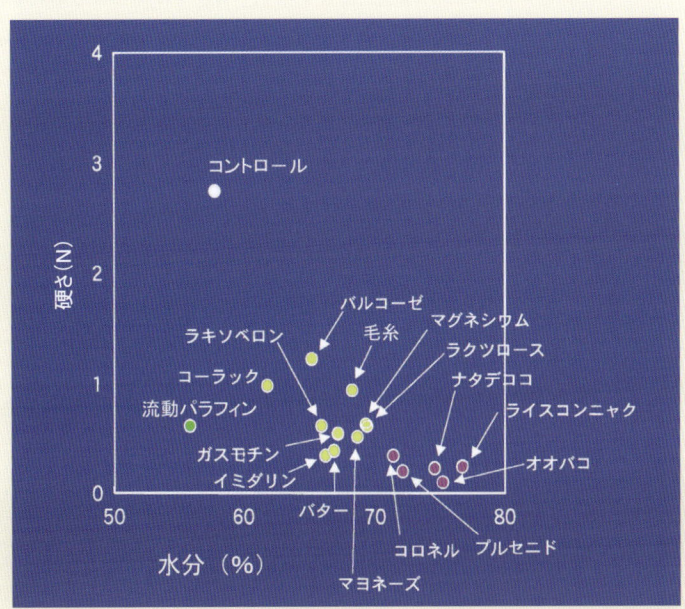

図13　各種緩下剤の硬さと水分含有量の相関

図14　毛糸の投与試験
毛糸の長さは1cmを超えないようにした。ここでは、8mmの長さにそろえてある。
思いのほか嗜好性は良い。むしろ、巨大結腸症になってからでは、あまり効果は期待されず、便秘の防止に役立つかも知れない

何もないため、給与試験を続けることもなく現在に至った。また最近、トラの骨盤や頭蓋を詳しく計測する機会があり、骨盤の内腔幅を測定したところ、あの巨大なトラの骨盤内腔幅がたった5cmしかない。

それは、頭蓋の最大幅の実に22％しかなく、猫の巨大結腸症の平均31.6％よりさらに狭いものであることから、トラが動物の体毛を飲み込むことで便にクッションを作り、巨大結腸症から逃れている可能性が出てきた。

現在、10頭ばかりの猫に対し、毛糸の給餌試験を続けているが（図14）、巨大結腸症の治療にではなく、便秘猫の症状悪化を防ぐ可能性があると考えている。

[番外編その2：麻痺性イレウスに対するエリスロマイシンの効果]

1998年頃から、ヒトの医療で麻痺性イレウスに対してマクロライド系の抗生物質であるエリスロマイシンの使用実績が報告されるようになってきた。

消化管ホルモンであるモチリンの作用であるとされ、消化管運動の亢進作用により胃腸内容物の排出に効果が期待されている。それにつれて、国内外の獣医療での使用経験も集積されていることと思うが、残念ながら筆者にはない。しかし、少しでも多くの選択肢があることは良いことであり、今後の報告に注目したい。

[番外編その3：5-HT4（セロトニン）受容体作動薬の効能]

この一連の薬物の代表はシサプリドである。この薬物は消化管運動促進剤の中でも、とくに結腸平滑筋レセプターの活性化により結腸の推進運動を増大させるもので、従来から猫の便秘にも多用されてきた。ただし、このシサプリドは2001年10月に内外での販売が中止となり、現在は、この代替品として、塩酸イトプリド（ガナトン錠など）、クエン酸モサプリド（ガスモチン散など）が使用されている。

筆者も過去には愛用していた時期もあったが、副作用の報告も多く、薬効がいまひとつ不明で長期の投与に耐えられぬとの判断、なによりも自論から少しはずれる部分もあり、シサプリド愛用臨床家には叱られるのを承知で、第一候補からはずした。

4 対症療法としての結腸切除術

緩下剤ですべてがうまくいくわけではない。巨大結腸症の症状が進むと、今までの道筋としては、次なる手段として、結腸切除術が行われるはずである。しかし、そろそろこの結腸切除術を根本から考え直してみる時期に来ているのではなかろうか。

第1部で述べた如く、結腸を原発の病巣とみなすこと自体が的を得たものではなく、巨大結腸症の発症の基礎的な要因は骨盤内腔の狭さにありとする論理に基づいて、改めてその目的を考えてみると、結腸切除術は対症療法以外の何ものでもない。

結腸を取り去ることで、腸管の水分の吸収能が低下し軟便になり、それが骨盤腔内の便の通過を促し、一時的に緩下剤から開放される。しかし、これでは巨大結腸症を引き起こした真の原因はまったく取り除かれていない。

やがて、生体が代償性に水分の吸収を始めた時に、再び巨大結腸症が再発するのは必定。ましてや術後に起こった軟便を手術の後遺などとみなしてはならず、軟便であり続けることこそが、この手術の目的と認識しなければならない。

報告にみられる結腸切除術の評価には大きな幅がある。Rosin E. ら[19]は38例の手術症例の中で再発は3例としたが、Sweet D.C. ら[22]は22頭の手術例で45％の再発を報告している。それにしても、リスクが大きすぎる。

長い間、膨大していた腸壁は希薄になっており、感染に対する抵抗力が衰え、体力が低下した症例がほとんどである。細菌による汚染の可能性が高い術野での腸の端々吻合は、とてもわれわれの現場に定着する手法とは言いがたい。

国内では、2000年の日本小動物獣医学会における「半導体レーザーによる犬猫の腸管吻合法の検討と臨床応用」なる山田英一ら[27]の報告は、困難な術野での径の異なる腸管の端々吻合の大部分をレーザー縫合で自動化しようとする試みであり、結腸切除術が現場で手軽にできる手法に変身するブレークスルーになるかどうか、今後の仕事に心から期待をしたい。

おわりに

猫の巨大結腸症は、日常の診療の中では、ともすれば便秘症の延長として、診断も簡単、後は浣腸をして使い慣れた手持ちの緩下剤を持たせることで獣医師のほうが安心してしまうきらいがある。

しかし、この病は、まだまだ多くの仲間の臨床家の知恵を必要とする奥の深い病であることを認識するべきである。時はすでに21世紀、この時代に、まだ62％もの比率で特発性の冠をかむった病名を付される病が、身のまわりに存在すること自体が、私を含めた臨床家の反省材料でもあり、学問的にも、今ほんの端緒が開かれたにすぎない。

数年前に、あるフードメーカーに「猫の便が軟らかくなる療法食を考えたらどうですか」と進言したことがあった。その時は「下痢で困っている症例が多いのに売れますかね」と言われたが、ぜひ再考をお願いしたい。

猫の巨大結腸症の厄介な部分は、その恐怖感（？）が猫には一生続くことである。時間が経てば、組織が疲弊し、不可逆的な退行性の変化が排便システムを破綻させる前に、なんとか、抜本的な対策をとらなければならない。

そこで望まれるのが根治術である。第3部では、猫の巨大結腸症の根治術について考えてみる。

第3部
猫の巨大結腸症の根治術構築への挑戦

はじめに

　第3部では、今まで述べてきた論理を発展させて、根治術の構築に挑戦してみたい。

　巨大な結腸が形成されるメカニズムを川になぞらえると、巨大になった結腸の膨らみは、溢れんばかりに増水した川の水に例えられる。その原因は、川の護岸（結腸や直腸など消化管）に主因があるのではなく、川（結腸・直腸）の水（便）を大海（体外）に流し出すための河口の運河（骨盤内腔）の設計上のキャパシティが問題だと考える。周辺のがけ崩れ（骨盤狭窄、肥満など）やゴミづまり（新生物など）、設備の老朽化（筋力の低下、腹圧の低下、削痩など）、設計ミス（腰椎や仙椎の奇形など）、品質不良資材の使用（栄養性二次性上皮小体機能亢進症など）、電気設備の故障（脊髄損傷、馬尾症候群など）などの新たな要因が排水能力の限界を越えさせ、ダムの近くに水が滞り、周りの護岸を圧迫して膨らんでいる状態とご理解頂けると思う。

　その対策としては、新生物や神経システムの障害である馬尾症候群などは論外としても、狭いダムの排水路を広げてやることがもっとも効果的であり、それが、次に紹介する『坐骨間恥骨移設術』である。

I 猫の巨大結腸症の根治術・坐骨間恥骨移設術

1 手術方法の構築

① 手術法の解説

　本法は、一口で言えば、猫の骨盤腔を水平にも垂直にも拡大し、便の通過する運河の排水路を広くする術式である（図1）。そのために、まず恥骨を切除摘出して垂直な空間をつくり、坐骨結合間を開大して水平な空間を確保し、その間に取り出した恥骨の頭尾を逆にして埋設するという斬新的なアイディアに基づいた手術法である。

　もちろん、その根拠となったものは、第1部で述べた『猫の巨大結腸症の概念』であり、その基本的な理論が成り立たなければ本法は在り得なく、まさに、その概念に導かれた形で出来上がった猫の巨大結腸症の根治術である。

　本法の理論立ての中でもっとも危惧されたのは、Yoder J.T.ら[28]の提唱した後天的なヒルシュスプルング病、すなわち特発性巨大結腸症の存在である。仮に、Washabau R.J.ら[24]の報告どおり、猫の巨大結腸症の内62％もの割合で、腸壁の神経節の欠損または不全症例が存在したならば、おのずから本手術は理論的に破綻

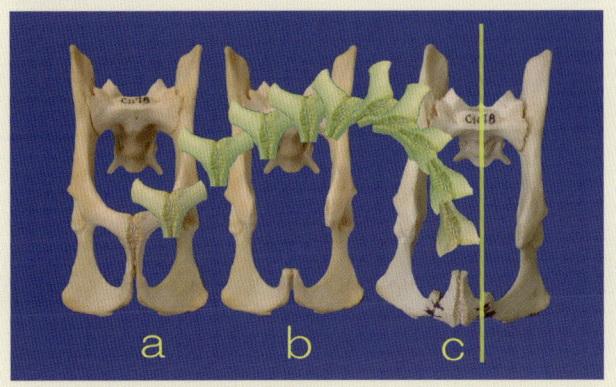

図1　骨標本による坐骨間恥骨移設術
　a：術前
　b：恥骨切除後
　c：恥骨移設後（手術完了）

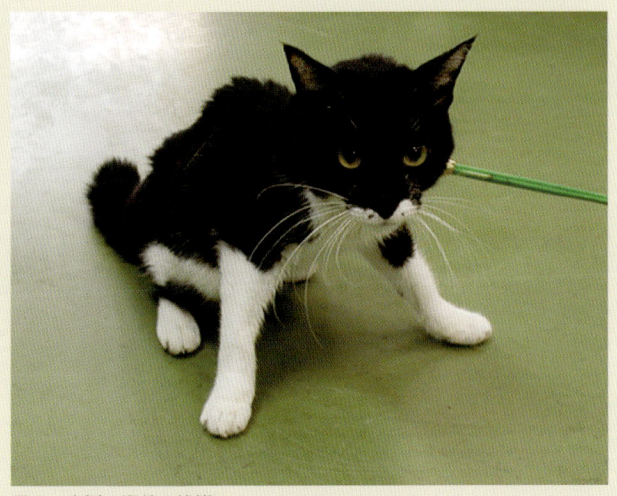

図2　症例の術前の状態

① 猫の巨大結腸症

することになる。なぜならば、いくら骨盤腔が拡張されたとしても、結腸遠位端から直腸に至る腸管に欠陥があったのではなんの意味もない。しかし、第1部でも述べたように、この後天的なヒルシュスプルング病の存在がきわめて稀なものであるとの科学的な証拠がいくつかみつかった昨今、ようやく、本法の意味付けがなされたことになる。また、実際に手術例を重ねてみると期待以上に有効な例が多い。

② **本手術の過去の適応症例**

a. 器質性の先天性巨大結腸症のうち、骨格奇形による巨大結腸症、例えば腰椎、仙椎、骨盤などの奇形（重度の神経障害を伴わないもの）

b. 器質性の後天性巨大結腸症のうち、脊椎や骨盤の狭窄、変形を伴った巨大結腸症、例えば交通事故や落下、栄養性二次性上皮小体機能亢進症などによる骨盤狭窄、または脊椎や骨盤の骨増生、変形による巨大結腸症（重度の神経障害を伴わないもの）

c. 器質性の後天性巨大結腸症のうち、平滑筋不全の軽度なものや肥満による巨大結腸症

d. 機能性の巨大結腸症のうち、高齢、削痩、慢性の内臓疾患などのため、腸管以外の排便パワーの低下により起こる巨大結腸症

③ **本手術法の適用外症例**

a. 器質性の巨大結腸症のうち、先天性または後天性のヒルシュスプルング病類縁疾患（特発性巨大結腸症を含む）

b. 器質性の巨大結腸症のうち、神経伝達路障害による巨大結腸症、例えば脊髄損傷や馬尾症候群など

c. 器質性の巨大結腸症のうち、骨盤周辺の新生物や他臓器による結腸の絞扼、圧迫、癒着、浸潤、または会陰ヘルニアや直腸憩室など、骨盤の便の通過域に関係のない理由による巨大結腸症

d. 器質性の巨大結腸症のうち、結腸壁の平滑筋機能不全が重度のもの（Washabau R.J. タイプ）

e. 機能性の巨大結腸症のうち、ケージ飼育、長期入院など、便意の抑止が長い間続いた場合に起こる巨大

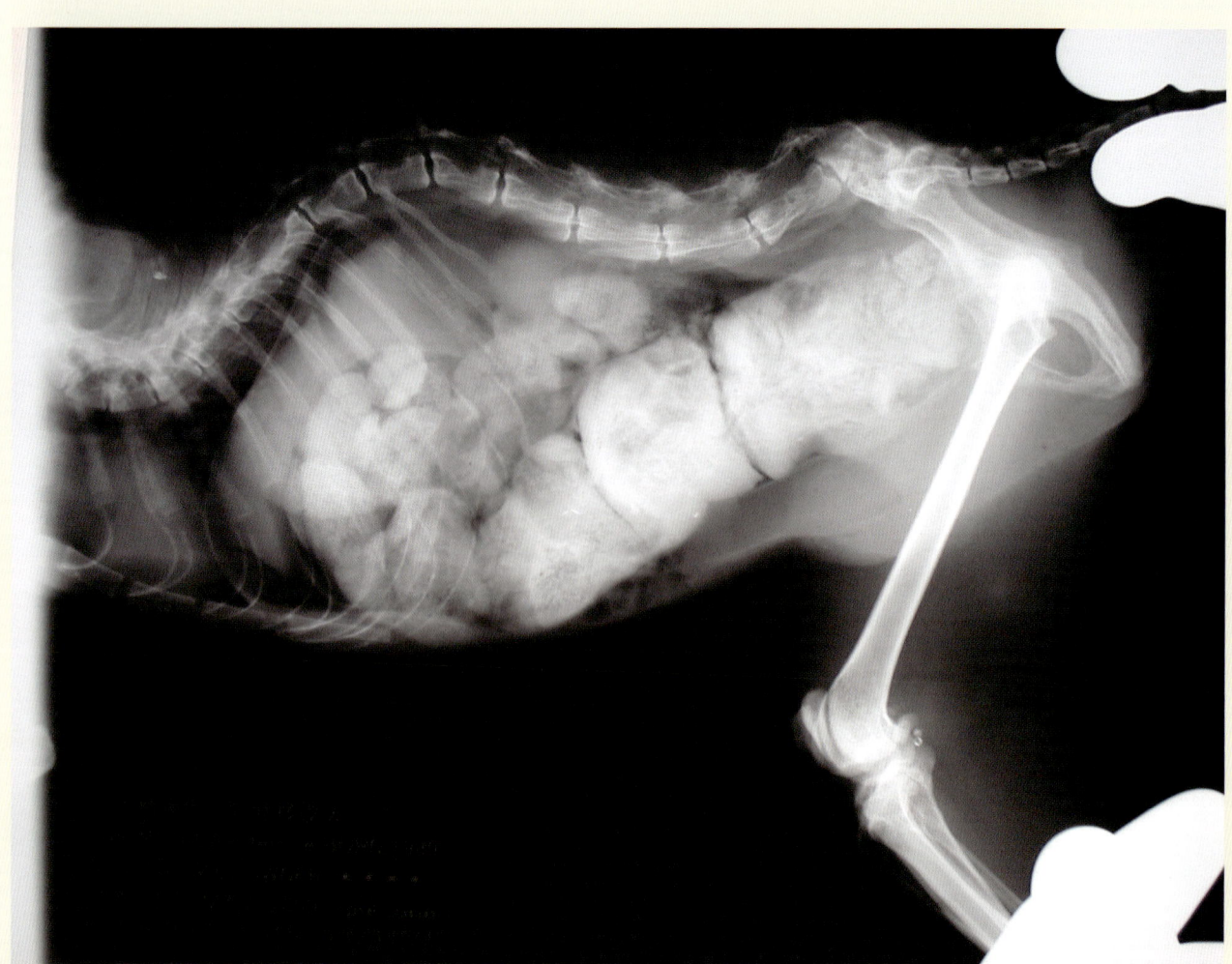

図3　症例の術前のX線画像

結腸症で、骨盤の便の通過域は正常なもの
f．症候性巨大結腸症、薬物性巨大結腸症

2 実際の手術例

① 症例

症例は、雑種猫、11歳齢、雌。稟告によると発育時から歩様に異常あり、複数の獣医師による診察を受け、緩下剤の投与、浣腸、飼い主による"便の掻き出し"などの手作業により現在まで飼育を続けてきた。上診時は、10日以上便の排出が不能で嘔吐があり、歩行できず、体力の限界が近づきつつあった（図2）。

X線検査にて、腹腔内は巨大な糞塊で満たされ、脊椎、骨盤ともに変形し、腸骨は正常なものにくらべ頭腹側に折れ曲がり、骨盤後口の内腔幅が狭くなるなどの状況が確認された（図3）。発育時に栄養性二次性上皮小体機能亢進症に罹患した可能性が伺われた。巨大な糞塊は骨盤前口に迫っており、骨盤の変形、狭窄による明らかな器質性の巨大結腸症と診断された。

② 恥骨摘出まで

仰臥開脚保定とし、全身麻酔後、あらかじめ結腸内の便を潤滑剤などで排出しておく。恥骨前縁より、尾側に向かい坐骨弓部まで約3.5cmの術創を設ける。恥骨摘出は、まず正中の恥骨結合部から恥骨前枝に向け、腹直筋、薄筋、外閉鎖筋を注意深く剝離していく。やがて、剝離が閉鎖孔の前外側縁に近づくと閉鎖神経が認められるのでそこで剝離を終える。一方、恥骨結合部も同様に、内転筋、外閉鎖筋の筋起始部を剝離する。

恥骨の摘出は、恥骨結合部分の切断から始める。切断箇所は、恥骨結合から坐骨結合への移行部とし、医療用破骨鉗子やウサギの門歯切断用ニッパーなどを使用し、坐骨結合部分との境界部を切り離す（図4）。

次に、両恥骨前枝を閉鎖孔前縁で閉鎖神経出現部のわずか正中寄りで切断する（図5-a）。この作業が本手術法の最初の注意点で、閉鎖神経を損傷せぬよう注意深く切断しなければならない。

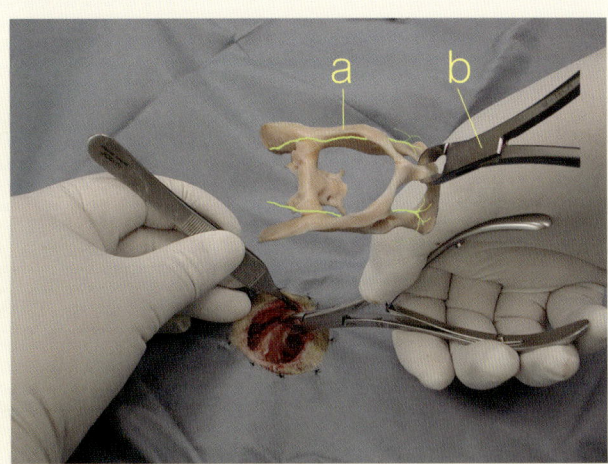

図4　骨盤結合部の分離
a：閉鎖神経の走行　b：ウサギの門歯切断用鉗子

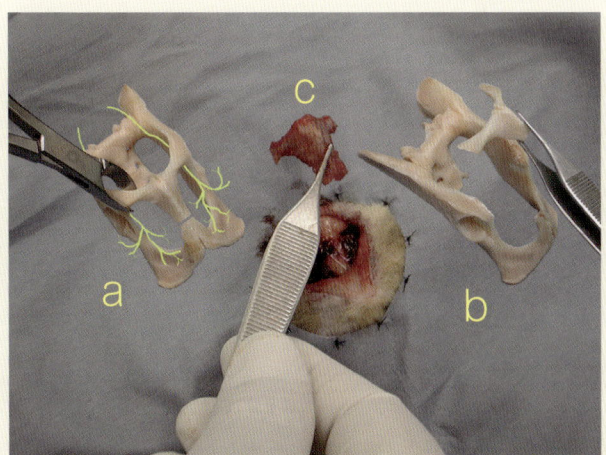

図5　恥骨前枝の離断
a：恥骨前枝の離断、頭側から鉗子を挿入し、恥骨前枝を切断する　b：摘出した恥骨　c：症例から取り出された恥骨

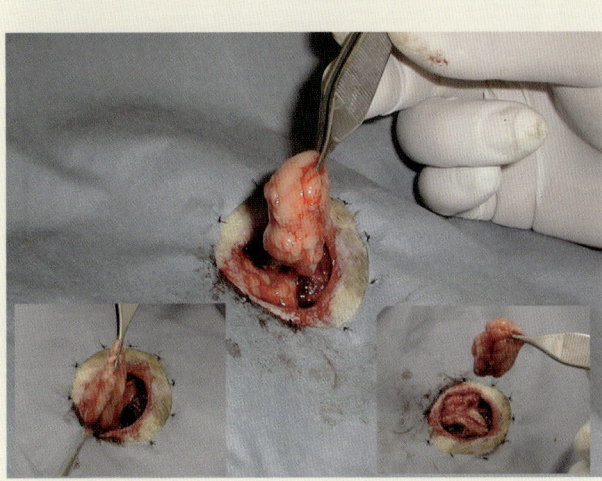

図6　脂肪組織の摘出

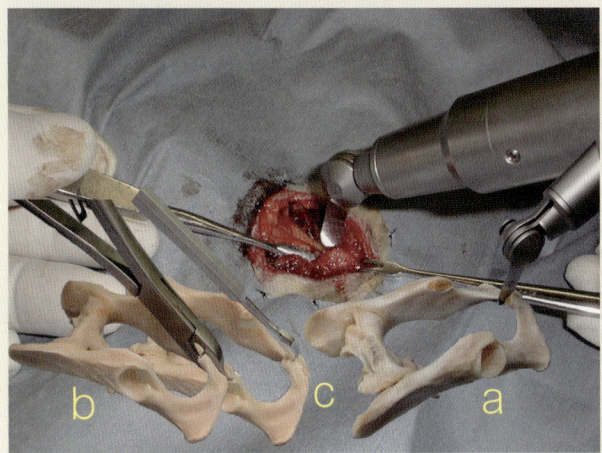

図7　坐骨結合の離断
a：ワイヤードライバー（ストライカー社製）に骨鋸をセットしての坐骨結合の離断
b、c：歯科用のスケーラーにて坐骨結合部に溝を掘り、ウサギの門歯切断用鉗子で一気に離断

❶ 猫の巨大結腸症

恥骨の摘出は、まず恥骨結合部の切断面を骨膜起子などで前方（頭側）に引き起こし、注意深く筋肉を剥がしていく。急がず、丁寧に作業し、多少の出血もこの部位には解剖学的に大血管が存在しないことを信じて慎重に行えば、やがて恥骨の摘出が完成する（図5-b）。

③ 恥骨摘出後の処理から坐骨結合の離断まで

恥骨を摘出すると、深部に脂肪組織に囲まれた尿道、さらに、その深部には直腸が認識されるので、脂肪組織の一部を、量に応じて切除摘出する（図6）。

これは、骨盤前口の面積をより多く確保するための作業であり、筆者らが過去に行った恥骨切除例の成績から、この手法により、さらに約15％の便の通過域が確保されている。

坐骨結合部を確認し、頭側から尾側の坐骨弓部まで、坐骨結合部を正中に沿って離断する。離断には、筆者はストライカー社製のワイヤードライバーに幅6.5mmの骨鋸をセットし、難なく行ったが（図7-c）、ストライカーがなくとも、歯科用のスケーラーや細身の骨のみ等で坐骨結合部を探り、ある程度の溝を掘った後、歯科用の破骨鉗子やウサギの門歯切断用のカッターなどで一気にという手もある（図7-b、c）。

④ 恥骨と坐骨結合部の穴あけ

この時点で、あらかじめ摘出しておいた恥骨の頭尾を逆にし、開大幅に合わせ、恥骨前枝をカット、トリミングし、左右2カ所ずつ穴をあける（図8-a）。通常はφ1mmのドリルを使用するが、φ1mmのキルシュナー鋼線でも良い。速度を速めず、ゆっくりとした回転で穴をあけていく。

同様に、離断した坐骨結合の内縁より3mm外方の坐骨枝上にφ1mmのドリルで等間隔に2カ所、締結用のワイヤーを通す穴をあける。対側も同様に行う（図8-b）。この作業は坐骨結合の開大の前に行うほうが作業しやすい。

⑤ 坐骨結合部の開大

両坐骨間の開大には、この手術法の第2の注意点になるちょっとした工夫が必要である。なぜならば、まだ正

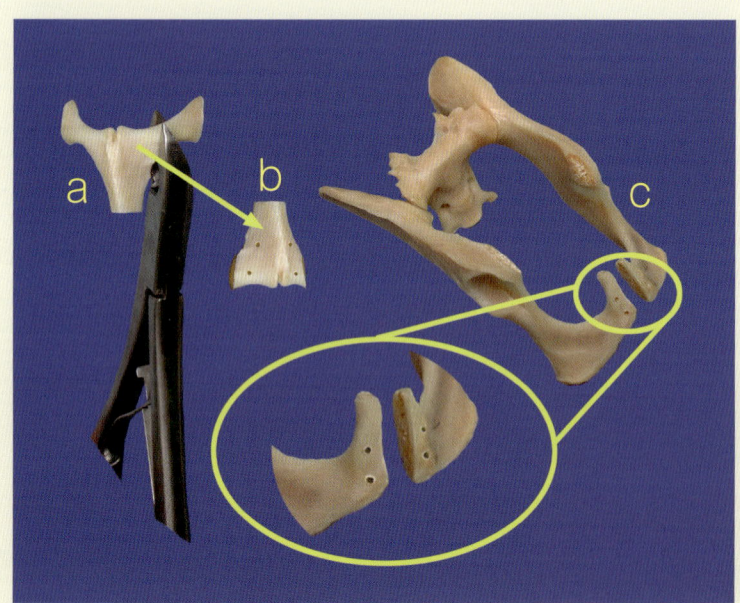

図8　恥骨のトリミングと坐骨結合部の穴あけ
　a：恥骨枝のトリミング
　b：φ1mmのドリルで穴あけ後
　c：φ1mmのドリルによる坐骨結合部の穴あけ

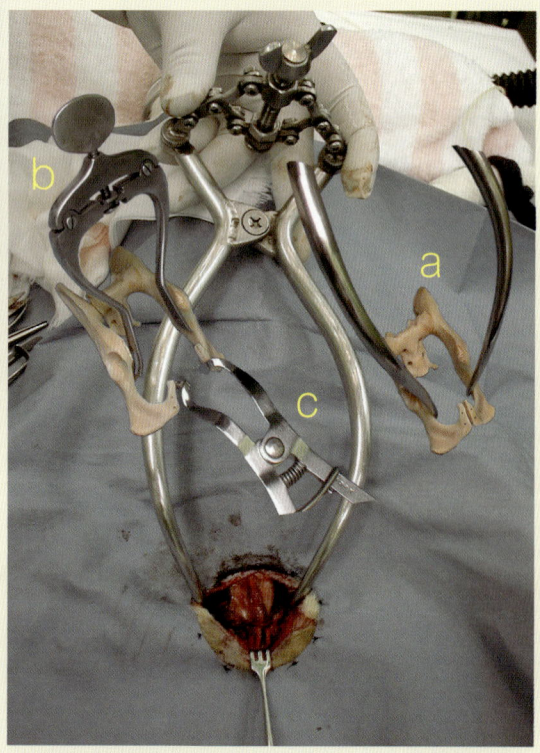

図9　坐骨結合の開大
　a：自作の骨盤腔拡張器にて開大
　b：ウサギの開口器を改造し開大
　c：（b）ヒトの歯科用ラバーダムクランプ鉗子を補助として、開大器とセットで開大する

式な猫の骨盤腔拡張器などは市販されていないからである。筆者は、本手術のために自作した骨盤腔拡張器（図9-a）を使用したが、開口部のパワーが大きく、難なく骨盤腔は開大する。こうした器具がない場合は、他の医療用または獣医療器具の中から改良を加えたりして転用する必要がある（図9-b）。

しかし、これらは、いずれも『帯に短し、たすきに長し』で、すべて満足というわけではない。このような場合は、もうひとつの工夫として、坐骨結合部にも別な器具、例えば歯科用のラバーダムクランプ鉗子（図9-c、図12-g）などを仕掛け、閉鎖孔側と坐骨結合側の両方に力をかけると、今度はスムーズに開いて行くのでご参考まで。

このような器具の拡張部を左右閉鎖孔の外縁で両坐骨体の骨盤内腔壁にかけ、ゆっくり開大の力を加わえていくと、鈍い音とともに左右どちらか一方の仙腸関節が外れ、同時に骨盤結合部が離開するので、目的の開大幅（約20mm）に達するまで作業を続ける。

⑥ 坐骨結合間への恥骨の埋設

恥骨移設のため、長さ30cmの28ゲージの手術用銅線を、締結用として穴の数、すなわち4本用意する。これを先程あけた坐骨結合部の穴にあらかじめ通しておき、その一端を恥骨にあけた穴に通しながら、注意深く所定の坐骨結合間に定着させ締結する（図10）。恥骨がワイヤーにて確実に締結されたのを確認し、術野の縫合に移る。

⑦ 閉創

術野の縫合は、まず、左右両坐骨結合部の内転筋、薄筋を正中に引き寄せ、USP：3の非吸収性合成縫合糸にて2～3針結節縫合を施す。その上で、骨盤側に頭側の腹筋を引き寄せる手法をとる（図11-a、b）。

恥骨の存在した場所の大きな洞に対しては、正中を挟んで左右両側の腹筋を尾側に引き寄せ、同じくUSP：3の非吸収性合成縫合糸にて、それぞれマットレス縫合を施す（図11-c、d）。この2カ所の縫合にて、洞のおよそ80％が筋肉により被覆される。最後に中央の腹筋に

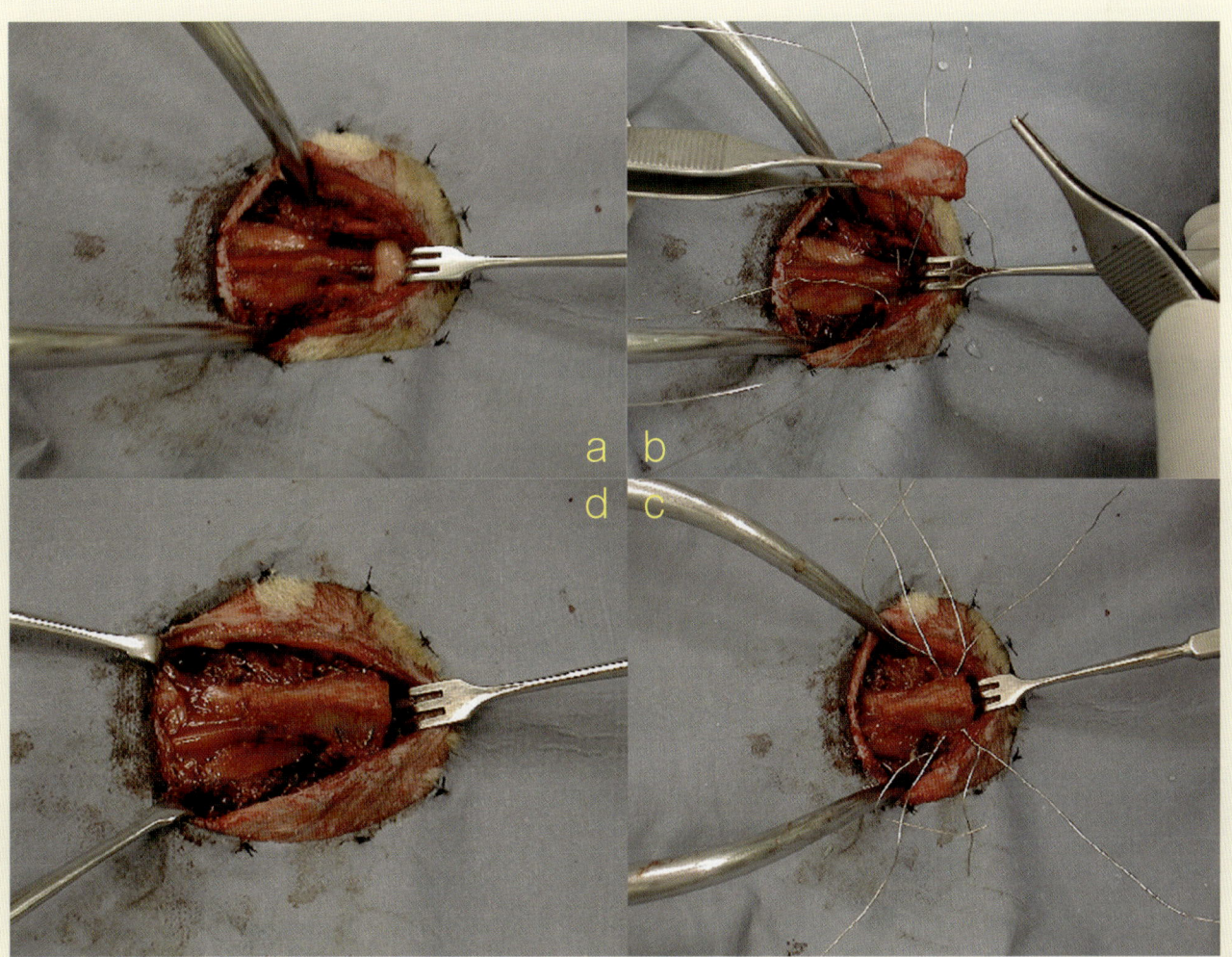

図10　恥骨の埋設と締結
　　　a：開大後の坐骨結合部
　　　b、c：恥骨の頭尾を逆にし、締結用の穴に28Gの手術用ワイヤーを通し、締結する
　　　d：締結完了

① 猫の巨大結腸症

対し同じように正中を跨ぐように縫合糸をかけ、骨盤側に引き寄せ、すべての縫合を終える。腹腔が完全に閉じられたことを確認し、閉創を終える。

⑧ 実施にあたって注意すべきポイント

a．恥骨前枝の寛骨臼側の端末は思いのほか深部にある。筋肉を骨膜起子などで剥離したら根気良く閉鎖神経が確認されるまで作業を続ける。

b．恥骨前枝の離断は、頭側からカッターを差し入れる。閉鎖孔側からでも可能であるが、頭側からのほうが閉鎖神経を損傷する危険性が低い。くれぐれも閉鎖神経を傷つけぬよう注意する。

c．坐骨結合部の正中に沿った離断については、ストライカーでもあればなんの問題もない。しかし、他のもので代用するとなれば、自分の器用さを頼りに歯科用のスケーラーなどで溝を掘り、破骨鉗子やウサギの門歯カッターなどで一気にということになる。なかには、すでに左右の坐骨枝が分かれていてメスだけで作業が終わる場合もあるが、稀なことである。大半はしっかりした1本の骨を縦に2分する慎重さが必要とされる。

d．骨盤内腔の拡大については、専用の拡大器がなければ、自分で工夫しなければならない（図12）。例えば、「若杉式骨折整復器：瑞穂医科工業」、「ジャンセン開創器：津川洋行」、「ハイステル人体用開口器：松吉医科器械」、「ウサギ用開口器：友愛メディカル」（図12）などである。これらは皆、そこそこのコントロール自由なパワーが開口部にゆっくりとかかるものであるが、開口部の先端が骨盤からずれたり、はずれたりしないよう改良が必要である。前述したように閉鎖腔と坐骨結合部の2カ所での開大をぜひお勧めしたい。

e．恥骨をトリミングして、頭尾を逆にし坐骨結合間に埋設する。なかなか細かい作業である。論より証拠。図8-a、bをよく見て感覚を覚えて頂きたい。この恥骨を埋設する真の目的は、開大した坐骨の間に、何かを入れて、せっかく開いた坐骨が元に戻らない

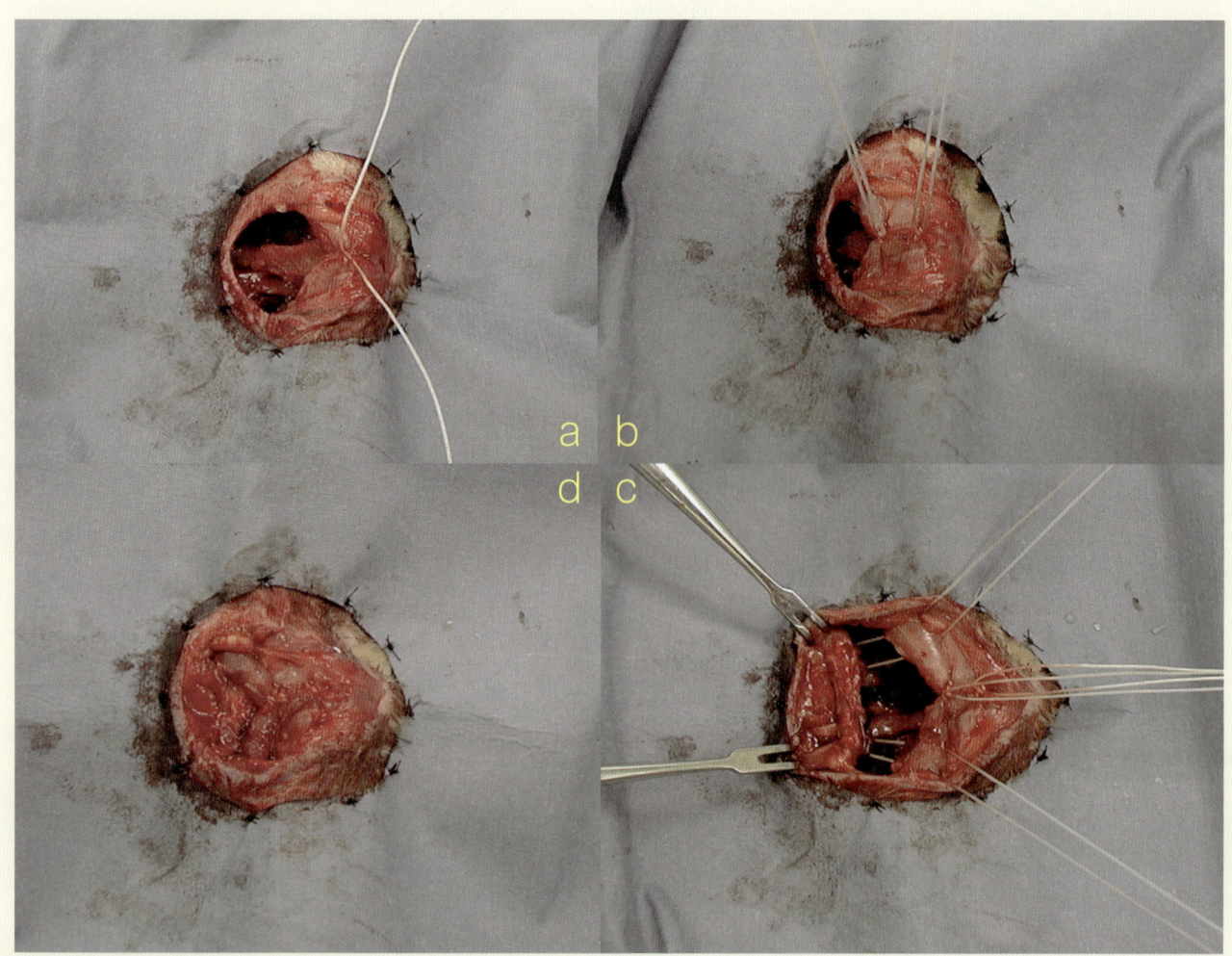

図11　術野の縫合と閉創
　a、b：外閉鎖筋、内転筋などを左右から正中に引き寄せ、USP：3の非吸収性縫合糸にて結節縫合を施している
　c：腹直筋を尾側に引き寄せ、マットレス縫合を施す
　d：最後に、もう1針中央部にマットレス縫合を行い縫合、閉創を完了する

ようにするだけのこと。しかも、たまたま取り出した恥骨をもったいないからインプラント材として使おうということで、運動器の骨折手術のように坐骨と恥骨が必ずしも一体化する必要はない。そのため、埋設するものはなにも恥骨でなくとも、手作りしたプレートであっても一向に構わない。とくに、交通事故の後遺症として骨盤狭窄を起こしたものなどは、恥骨結合そのものが埋設に適さない場合もあり、そのためのプレートを普段から1つくらいは手作りして準備をしておくと便利である（図13）。また、骨にあける1mmの穴は必ずゆっくりした回転であけ、使用する鋼線も28ゲージより太くしないほうが良い。

f．腹腔の閉創に際し、縫合のための筋肉がたっぷりあるといっても、断端をはずされ、収縮したものを再び正中に集めるのには配慮が必要である。太めの非吸収性の合成縫合糸（USP：2〜3）でマットレス縫合を取り入れ、慎重に行う（図11）。

II ディスカッション

①本症例は現在、術後2年を経過し、幸いにも元気で生活を続けている（図14）。この『幸いにも』という言葉には術者にとっても万感が込められているわけで、これだけ症状が進んだ症例の場合は、飼い主から獣医師への勇気づけや、猫の性質なども幸いして『かろうじて成功した』というのが本音である。もちろん、術後の緩下剤はいっさい使用せず、浣腸もなく自力排便を行っており、その意味では目的は達成され、患者のQOLも維持できていると思う。また、飼い主の喜びも大きい。

②筆者がこの手術法を本格的に実施するようになってから約3年を経過、その間14症例に実施した。その内、問題を抱えているものは2例で、1例は外傷性の馬尾症候群に対し実施したものである。この例は、当初、数回の自力排便をみて効果も期待できたが、結局は、肛門括約筋を随意に弛緩、収縮させることができず、便は骨盤

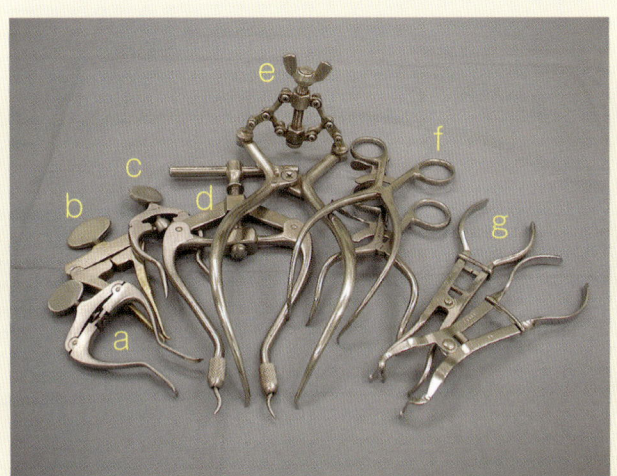

図12　猫の各種骨盤腔拡張器
　　a：ウサギ用開口器（友愛メディカル）を改造したもの
　　b：ハイステル人体用開口器（松吉医科器械）を改造したもの
　　c：ジャンセン開創器（津川洋行）を改造したもの
　　d：若杉式骨折整復器（瑞穂医科工業）を改造したもの
　　e：自作の猫骨盤腔拡張器
　　f：ゲルビー開創器を改造したもの
　　g：ラバーダムクランプ鉗子（モリタ）を改造したもの

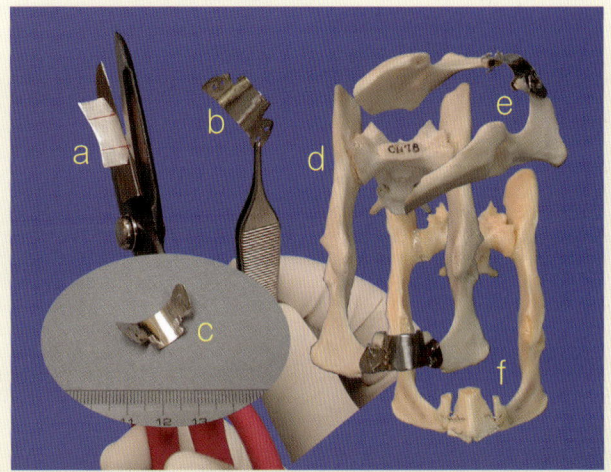

図13　手作りプレートのモデル例
　　a：SUS316-Lステンレス平板を金切りバサミで整形
　　b：完成図
　　c：完成図裏面
　　d：装着時の姿
　　e：頭側より見た装着の様子
　　f：恥骨を用いた場合の埋設の様子

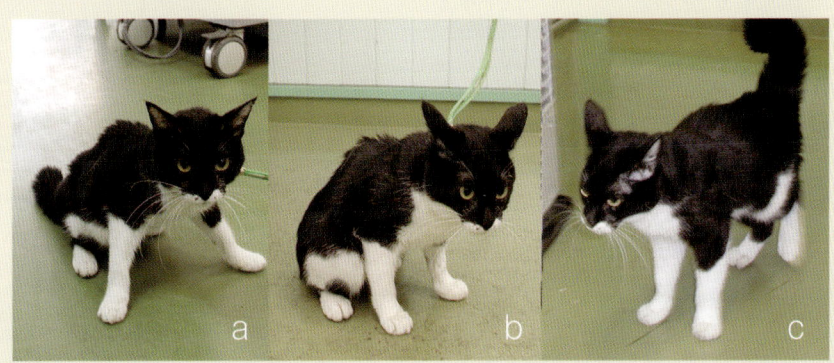

図14　症例の経時的な外貌
　　a：手術前
　　b：術後15日目
　　c：術後2年目

① 猫の巨大結腸症

内腔を通過するものの、肛門の部分で止まり、長期にわたる自力排便は不可能であった。残念ながら予想と一致してしまったということである。

他の1例は、技術的なミスであるが、恥骨埋設時にあけた穴があまりにエッジに寄りすぎ、ほどなく穴からワイヤーが離脱、恥骨がずれ、開大した両坐骨が正中に戻ってしまった例で、結果として、恥骨切除術の効果だけになり、現在も緩下剤の投与下にある。

さて、残りの12例であるが、筆者は12例すべてがうまくいったのではないかと密かに思っている。『密かに』というのは、その内の8例しか追跡調査が行えず、開業医の身勝手な特権（？）として、来院しないのは『良い証拠』に違いないと考えている。

筆者の場合は本術式を実施する前に、約15例の恥骨切除の症例の経験があったことが、今回の成績に結びついたと考えている。ちなみに、恥骨切除は、現在はこちらの術式にシフトしたために、あまり例数は増えていない。

③本手術を実施するにあたり、クリアしなければならない技術的な問題点が3つある。1つ目は恥骨摘出時に、閉鎖孔の頭外側から出現する閉鎖神経のすぐそばで行う恥骨前枝の切断作業である。2つ目は、骨盤腔を水平に開大する際の手法の習熟と開大器の工夫。3つ目は、恥骨の頭尾を逆にして、坐骨結合を開大し、その間に恥骨を埋設する時の要領である。

この3つの要点を確実にクリアすれば、成果を期待でき、決して危うい手術法ではない（図15を参考にして頂きたい）。

④本手術法の今後の課題として、観察し検証していかなければならない部分も2つある。1つは、本法を実施した症例の内の60％のものについて追跡観察をしてみると、退院後の歩様が、ある期間だけ思わしくない。つまり、踱跛になるものがみられることである。歩様は、約1カ月間のうちに大部分は見た目は正常に戻り、後遺症として残るものはほとんどないのであるが、仙腸関節の一方がはずれ、筋肉組織を再構築する際に閉鎖神経の端末がどうしても縫合により絞扼されるために起こる症状に間違いはない。幸いなことに、閉鎖神経の根幹の切断事故や完全な腰萎となった例はないが、術者としては、たいへん気になる部分である。

他の1つは、埋設した恥骨の行く末である。現在、観察できているものは、ここに紹介したものが2年、最長で3年を経過した症例である。現在のところ恥骨はほとんど変化せず、しっかり役目を果たしている。しかし、

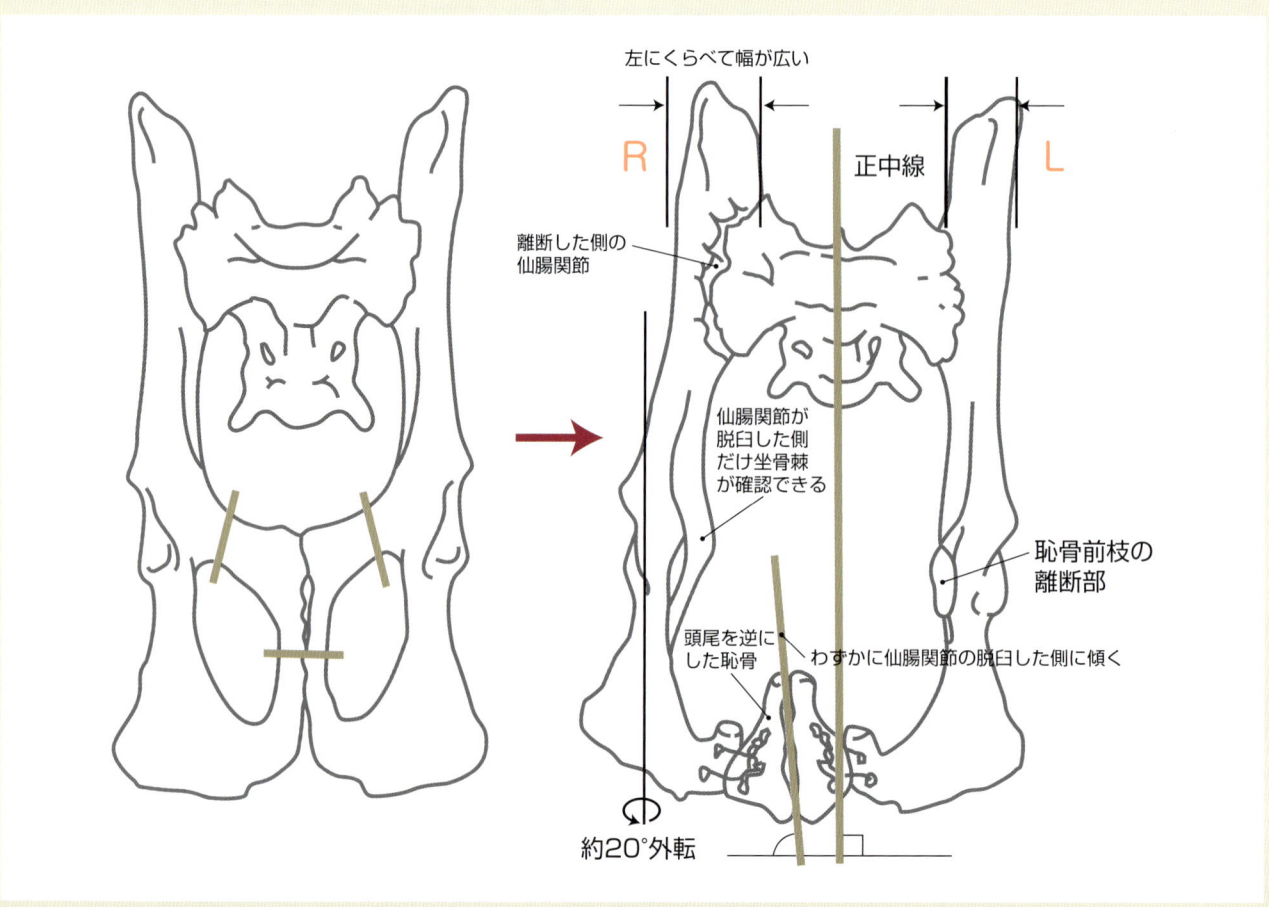

図15　坐骨間恥骨移設術術式のシェーマ

別な見方をすれば、これがまた、なんとも不気味なことであり、吸収されるでもなく、骨増生を起こすでもない。取り越し苦労かも知れないが結論を出すまでには、もう少しの時間経過といくつかの骨標本が必要である。

⑤猫の巨大結腸症の約90％のものを本術式でカバーできると考えている。前述した6つの項目を適用外としたが、これを合わせてもせいぜい10％以下であろう。まず診断の努力を最大限にし、特発性巨大結腸症という診断名から極力逃れることである。大まかな目安としては、骨盤の前口部で便がつまっているものは大抵、手術適用例と思って差し支えない。それより前や、前述した馬尾症候群などの例のように、便が骨盤内腔を通り越し、肛門近くまで来ているものなどには慎重な判断が必要である。

⑥ 本術式で成功したものは、術後、急速に結腸は細くなり、便塊も正常な大きさに近づいてくる（図16-b）。すなわち、結腸が本来の生理的機能を回復する証拠である。このことは逆に、猫の巨大結腸症の巨大な結腸が、術前から生理的な機能を多少なりとも温存している確かな論拠を物語っており、逆に、そのことが本術式のもととなった概念の理論を裏付けるものでもある。

おわりに

われわれ獣医師は、言うならば神が創ったロボットの修理工である。猫がいったん巨大結腸症になり、システムが破綻したものは完全に元通りになれるものではないし、できるはずもない。ソフトやハードを新しく取り替えることはできないまでも、なぜ同じバグが多いのかを明らかにし、部品を削り、位置を変え、動物のQOLを限りなく健康状態に近づけシステムをリセットする。これが獣医師の責務と考える。

はるか昔、猫の晒し骨標本をいじっていて、骨盤に両大腿骨を付け、なにげなくその両大転子間の最大幅を頭蓋の幅で割ってみると、これが1以下になっている。もてるだけの標本を集めて改めて測定してみると、どうやら犬は1.15に、猫は0.95に収束するようだ。なんと、猫は頭よりも腰の幅が狭く、しかも犬よりも17％も狭い動物なのだ。

さて、こんな窮屈な暮らしを強いられている猫に何か不都合は起こっていないのだろうか。そんな他愛のない疑問から、必然的に猫の巨大結腸症が浮かび上がり、骨盤内腔域の測定を経て、その証拠をもとに概念が構築さ

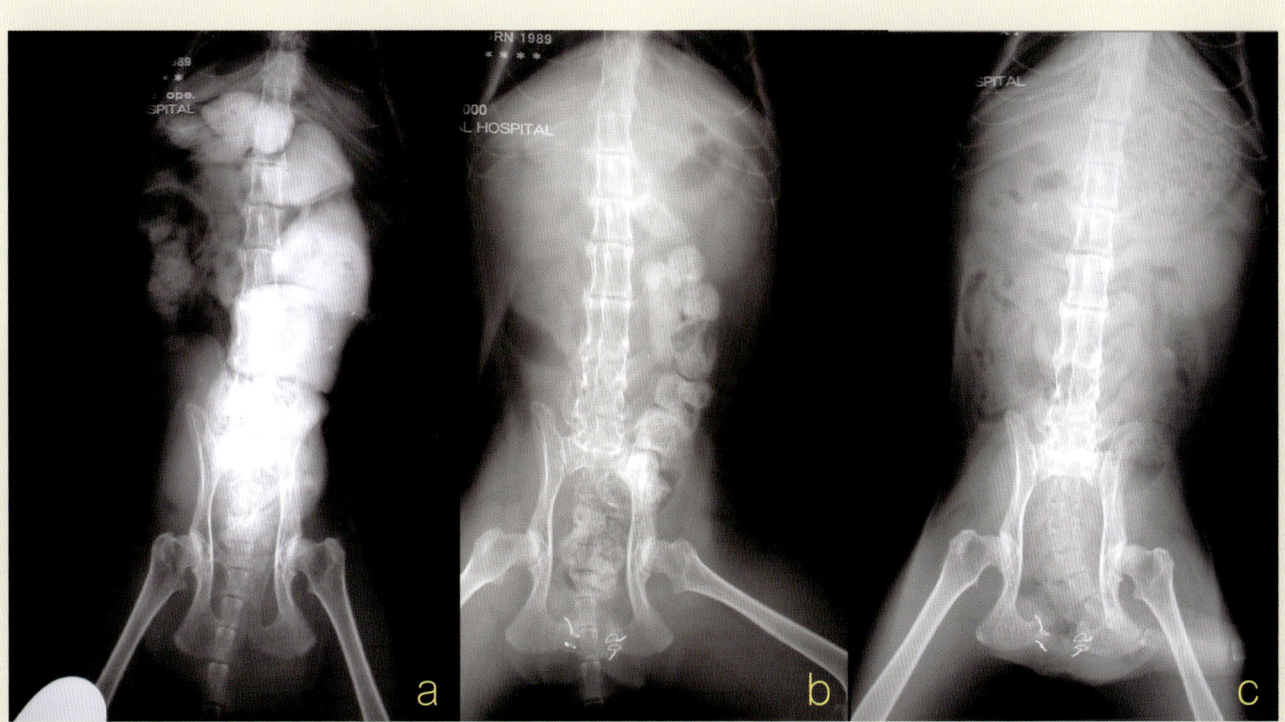

図16　症例の経時的なX線画像
　　a：術前
　　b：術後25日目。便の大きさが、正常な猫のものに完全に戻っている
　　c：術後2年目

① 猫の巨大結腸症

れ、対策として骨盤内腔を垂直と水平に広げるアイディアが生まれた。

この病は現在、遺伝学、病理学、発生学、比較解剖学などの幅広い獣医学体系の中で、多くの新しい知見が加えられ始めている。われわれ臨床家には、それをただじっと待ち続ける時間はない。むしろ、積極的に症例を積み重ね、情報の発信源として猫の巨大結腸症の全容解明の舵取りを担うべきではなかろうか。

本稿では3部にわたり、この謎めいた、しかも、忌まわしい猫の巨大結腸症の成り立ちから浣腸の仕方や緩下剤の選び方、そして、外科的な対策まで、筆者なりの考えや方法を述べさせて頂いた。しかし、決してこれを正しい方法として読者諸兄に押し付けするつもりなどさらさらない。猫の巨大結腸症にはいろいろな考え方があって然るべきであり、21世紀を迎えてもなお混沌としている現状に対する1つの問題提起程度にご理解を願いたい。

ただもし仮に、お1人でもこの考えに賛同を頂ける獣医師がおられたら、ぜひ、追試をお願いしたい。そしてどうか、新たな知見を加え、逆に、ご指導を賜れば、望外の喜びである。

謝辞

終わりにあたり、ご指導頂いた日本獣医生命科学大学獣医外科学教室 多川政弘先生、酪農学園大学獣医病理学教室 谷山弘行先生、また、数多くの示唆を賜った私達の仲間の、松本英樹先生、山田英一先生、矢田新平先生、本間尚己先生、西村宣昭先生、高橋輝宏先生、前田義巳先生、高橋 徹先生、山本雅昭先生、織 順一先生と共同研究者の方々、その他、猫の巨大結腸症のご研究とご報告をされたすべての先生に深甚の敬意を表したい。

下記の機関からは資料のご提供とご協力を頂いた。この場を借りて心から感謝致します。

国立科学博物館動物研究部、栃木県立博物館、北海道立工業技術センター、農林水産消費技術センター、群馬県立自然史博物館、飯田市美術博物館、猫の博物館、FOSSIL LAND みね、函館工業高等専門学校

参考文献：

1） Bayliss WB, Starling EH: The movement and innervations of the small intestine. J Physiol 24：99〜143, 1899.
2） Basilisco G, Phillips SF: Ilieal distention relaxes the canine colon: a model of megacolon? Gastroenterology Mar;106(3):606〜14, 1994.
3） Bright RM, Burrows CF, Goring R, Fox S, Tilmant L: Subtotal colectomy for treatment of aquired megacolon in the dog and cat. J Am Vet Med Assoc Jun 15;188(12):1412〜6. 1986.
4） Garry RC: Responses to stimuration of caudal end of large bowel in cat. J Physiol 78:208〜224, 1933.
5） Hasler AH, Washabau RJ: Cisapride stimulates contraction of idiopathic megacolonic smooth muscle in cats. J Vet Intern Med Nov-Dec;11(6):313〜8, 1997
6） 平塚秀雄著：便秘-そのメカニズム・診断・治療, ライフサイエンス出版（株）, 東京, 2000.
7） Hudson EB, Farrow CS, Smith SL: Acquired megacolon in a cat, Mod Vet Pract 1 Aug;60(8):625〜7, 1979
8） 藤岡睦久編著：症例に学ぶ新生児X線診断, メディカ出版, 大阪, 1995
9） 池田恵一編著：ヒルシュスプルング病の基礎と臨床, へるす出版, 東京, 1989
10） 井直躬編集：小児大腸肛門疾患の診断と治療, 金芳堂, 京都市, 1998.
11） 川又 哲, 山田 豪, 松本英樹, 伊藤正勝, 国枝 剛, 堤 郁子：猫の巨大結腸症における成因の検討と観血的手術法としての恥骨切除, 平成10年度日本小動物獣医学会・札幌プロシーディング：304〜305, 1998.
12） 川又 哲, 猫の巨大結腸症の手術療法, 特集猫の巨大結腸症, Surgeon20, インターズー, 東京, Vol.4, NO.2.(20th issue), 28〜46, 2000.
13） Kudisch M: Surgical stapling of large intestines., Vet Clin North Am Small Pract Mar;24 (2):323〜33, 1994.
14） Leighton RL: Symphysectomy in the cat and use of a steel insert to increase pelvic diamater. J Small Anim Pract.Aug;10(6):355〜6, 1969.
15） 松藤 凡：Hirschsprung 病内肛門括約筋筋条片の薬剤ならびに field 刺激に対する反応. 日本平滑筋誌, 26:199〜218, 1990.
16） 松藤 凡：排便時の結腸・直腸肛門の協調運動における仙骨神経の役割と排便ペースメーカー作製の可能性. 小児外科, Vo.l33, No.12, 107〜112, 2001.
17） Matthiesen DT, et al: Subtotal colectomy for the treatment of obstipation secondary to pelvic fracture malunion in cats. Vet Surg. Mar〜Apr;20 (2):113〜7, 1991.
18） 岡本英三監修：Hirschsprung 病類縁疾患. 祥文社, 神戸, 1988.
19） Rosin E, Walshaw R, Mehlhaff C, Matlhiesen D, Orsher R, Kusba J: Subtotal colectomy for treatment of chronic constipation associated with idiopathic megacolon in cats:38 cases（1979〜1985）. J Am Vet Med Assoc Oct 1;193(7):850〜3, 1988.
20） Schrader SC: Pelvic osteotomy as treatment for obstipation in cats with aquired stenosis of the pelvic canal:six cases（1978〜1989）. J Am Vet Med Assoc Jan., 1992.
21） 清水興一, 三杉和章監修：小児外科病理学, 文光堂, 東京, 1995.
22） Sweet DC, Hardie EM, Stone EA: Preservation versus excision of the ileocolic junction during colectomy for megacolon:A study of 22cats. J Small Anim Pract;35:358〜363, 1994.
23） TAMA Veterinary Clinics Association: Canine and Feline Disease Statistics in Japan. TVCA, Tokyo, Japan, 2002.
24） Washabau RJ, Stalis IH: Alterrations in colonic smooth muscle function in cats with idiopathic megacolon., AJVR, Vol.57, No,4, April 580〜587, 1996.
25） Washabau RJ, Holt D: Pathogenesis diagnosis and therapy of feline idiopathic megacolon. Vet Clin North Am Small Anim Pract Mar;29(2):589〜603, 1999.
26） 矢田新平, 原 広幸, 北野 寿, 新井 論：猫の骨盤拡張プレートの考案とその応用, 獣医麻酔外科学雑誌, 25(1), 1〜7, 1994.
27） 山田英一, 今山行夫, 片野修一, 住吉 浩, 椿 洋, 長島文幸, 柴田武志：半導体レーザーによる犬猫の腸管吻合法の検討と臨床応用, 日本小動物獣医学会年次大会プロシーディング, 331〜332, 2000.
28） Yoder JT, et al: Partial colectomy for correction of megacolon in a cat.(Report of a case). Vet Med Small Anim Clin Nov;63(11):1049〜52, 1968.

② 気性の激しい犬や猫の目薬は背中から

－点眼のための瞬膜下チューブ設置術－

[はじめに]

　日常の眼疾患の診療のなかで、動物の性質や飼い主の器用さなどにまったく影響されずに、計画的に確実に目薬の点眼を行いたいと思うことがよくある。図1-A、Bは、飼い主さんに、いっさい名前などは出さぬという条件で掲載許可を頂いた貴重なものであるが、これが、その良い例である。10歳になるこの犬は、長い間、慢性の角膜炎で数カ所の動物病院で治療を続けていたもので、軽い僧帽弁閉鎖不全症をも患っている。しかも、たいへん気性が荒い。また、今までの経緯から、飼い主が"目薬"と言おうものなら、それをトリガーに興奮して唸り声を上げ、歯をむき出して咬もうとし、舌にチアノーゼを起こす。図1-Aに写っている目薬を持っている手の主はこの家のご主人であるが、この犬を叱る大きな野太い声が、さらに状況を悪くしている。「おとなしくしなさい！」、「ちゃんとしなさい！」、「おりこうさんにしなさい！」。よくよく考えてみると、「おりこうさんにする」と言うことが、われわれ人間でも、どのようなことなのかはまったく見当がつかない。まして、犬にとっては、恐怖の何物でもない。

　こうした状況からも、ここの家庭では、どれほど長い間、目薬のために、飼い主夫妻と犬との葛藤が続いていたかが想像に難くない。もう、ここまで来れば、改めて"犬の目薬の差し方"をご指導申し上げることなどは不可能に近い。こんな時には、「また、あれをやるか」になる。

　図1-Bを見て頂きたい。これは、先ほどの犬の患眼の瞬膜下にシリコンチューブを設置し、背中の開口部から

A：点眼に苦労している飼い主さん　　B：「瞬膜下チューブ設置術」後

図1　点眼に苦労する飼い主さんと「瞬膜下チューブ設置術」後の様子

点眼薬をさして(?)いるところである。おわかりのように、犬は大変おとなしく"おりこうさん"にしており、なによりも奥様の表情から険しさが消え、穏やかで、本来の美人の奥様に戻っている。この犬は、1日3回の点眼(?)と数日の投薬を続け、2週間後、無事にエリザベスカラーから解放され、チューブも取り除かれ、治療を終えている（図2）。これは、自分で言うのもおかしいが、気性の荒い犬や猫の、角膜炎やフラップ時にはたいへん便利で、治療に役立つ眼科診療の補助手段であることは確かである。

症例と手術の準備

今回紹介する症例は、角膜中心部に円形の潰瘍が形成されて来院したものである。乾燥性角膜炎に併発した単純深部角膜潰瘍と診断し、GOIにて全身麻酔、チューブの埋設と瞬膜フラップを施す手術を行った（図6-A）。追試をされる先生のために、可能な限り具体的に器具や資材の記述をすると、この手術の重要なポイントは2つ。それに、自作しなければならぬものが1つだけある。

ポイントの一つは、全く眼に障害を与えずにシリコンチューブの端末を瞬膜の内面、結膜嚢にどのように埋設するかということであり、二つ目は、柔らかい細いチューブをどのように背部の皮下まで誘導するかという点である。

では、何を自作するかと言えば、シリコンチューブを皮下に誘導するためのピアノ線を使用した誘導具セットである。まず、予め用意したφ0.8mm、長さ60cmのピアノ線（モノフィラメントであればピアノの弦でも良い）の端末を万力などの上に置いて、ハンマーで軽く何度も叩いて平たくし、その中央に穴を開ける（図3-拡大図。大丈夫！必ず先生ならできる！）。この場合、幅を決して1.3mm以上にしない。何故かといえば、このピアノ線を16Gの留置針（TERUMOのサーフロー留置針16Gが良い）、内腔φ1.3mmに通過させなければならぬからである。ピアノ線の端末が平たくなったら、その中央にφ0.8mm程度の細長い穴をルーターで開ける。これには歯科用のカーバイドバー（例えば、歯愛メディカル社、カーバイドバーJ-HP、USNo.1、φ0.8mm）を使用すると良い。この穴は、シリコンチューブを皮下に牽引させるための手術用のモノフィラメントのスチール線（S、W、G#28）を通すためのものである。これで完成である。埋設用のシリコンチューブは、東レ・メディカル販売の「静脈カテーテルO型セット」に添付しているシリコンチューブ（3.6Fr.、φ1.2mm）を利用した（図4）。この誘導具セットは、一度作ると一生使えるので、大切にされたら良い。ここまでできるともう手術は終わったも同然。後は、実際の図を見て頂けば一目瞭然である。

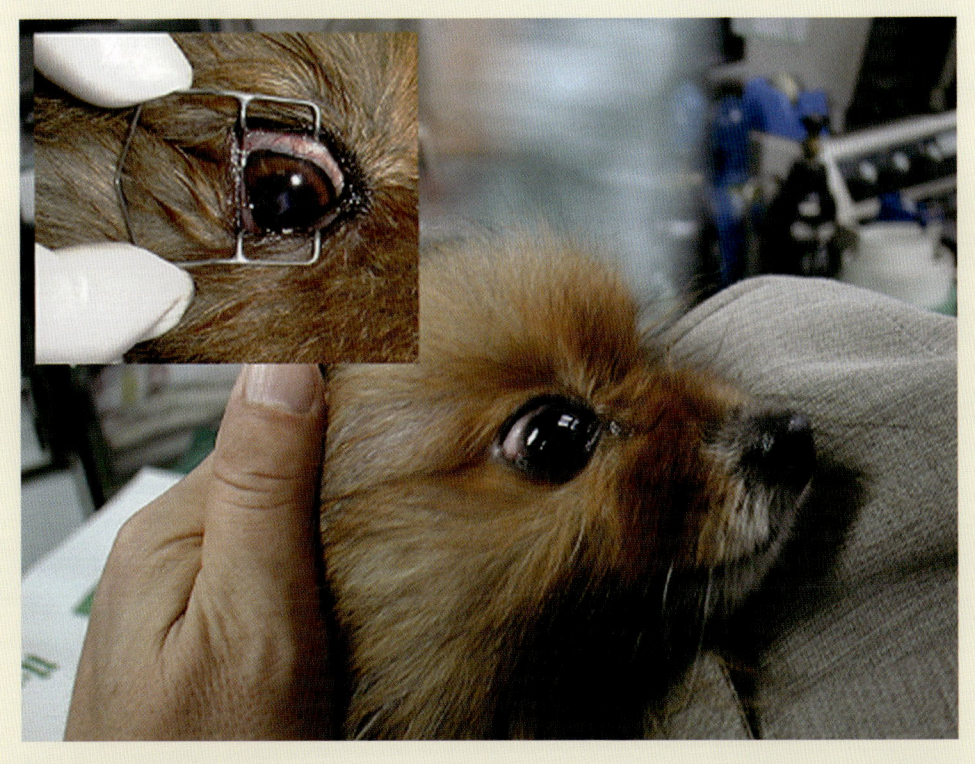

図2　図1の症例の術前、術後

❷

実際の術式

　実際の術式を前述の症例で順次、説明を試みてみよう。

　先ほど作製したピアノ線の穴の開いた後端末に、♯28 の 20cm 程度のスチールワイヤーを二つ折りにして 3cm ほど通し（穴の中を 2 本のワイヤーが通る）、そのワイヤーの輪になった端末にシリコンチューブを 4cm 程度通しておく。まず、瞬膜を内眼角方向に反転させ、2.5 インチ、16G の留置針を頭蓋骨のアーチに沿う形にわずかに湾曲させ、瞬膜内面から刺し入れ（図 6-B）、正中寄りの頭部皮下に全長を進め、外筒のみを留置する（図 6-E）。

　次に、先端を滑らかにした例のピアノ線の先端を留置した外筒の中に挿入し（図 6-F）、手で誘導しながら先端を肩甲間部まで一気に進め、皮膚から外に引き出す。さらに、ピアノ線を引くと、その端末が 16G 留置針の外筒の中を通過し、それに連れて ♯28 スチールワイヤー、さらにチューブが皮下組織内に進入し、背正中部皮膚から外部に出現してくる。チューブ端末の処理については、いくら柔らかいとはいえ、異物であるチューブが眼球に障害を与えぬよう注意する。瞬膜の移動による角膜の損傷に細心の配慮をして、また、頸部の最大限の運動域を考慮して、余裕をもって No.0 〜 6 の合成吸収糸で縫合、設置する（図 5-B、C、D、図 6-I）。端末の処理を終えたら、瞬膜フラップを施す（図 6-K）。

　一方、背正中部皮下については、エリザベスカラーが可能な症例に関しては、チューブの皮膚出現部に 24G

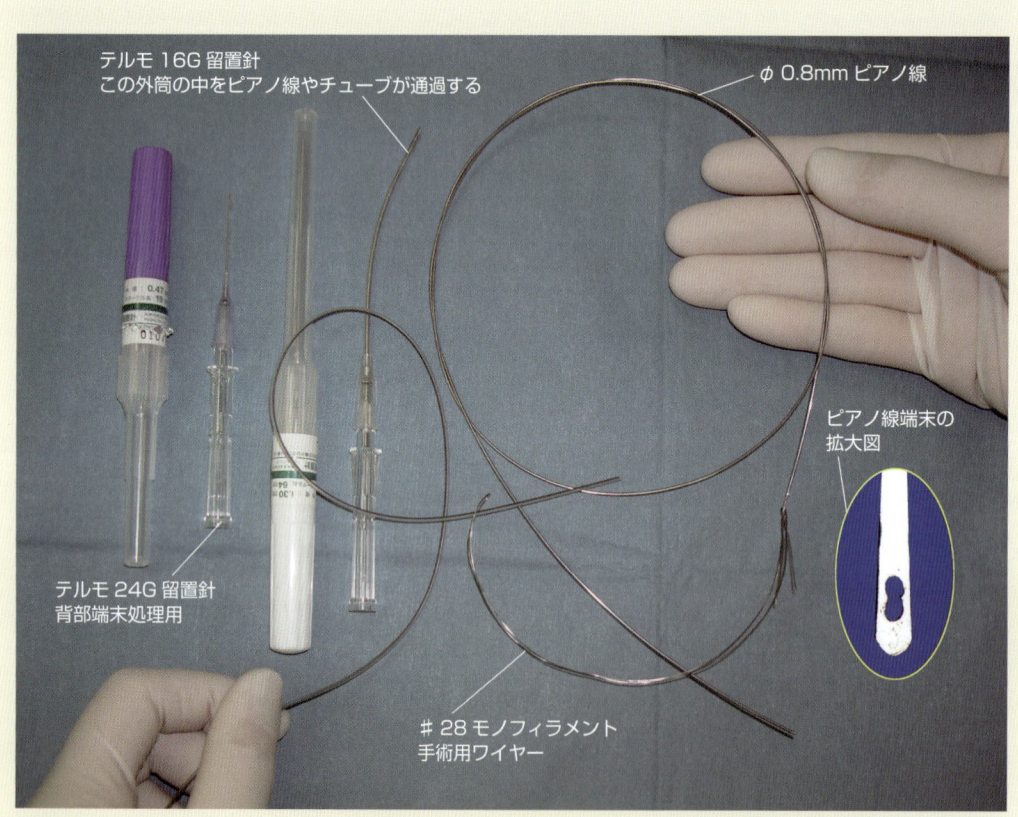

図3　シリコンチューブを頭頸部皮下に誘導するための誘導具セット

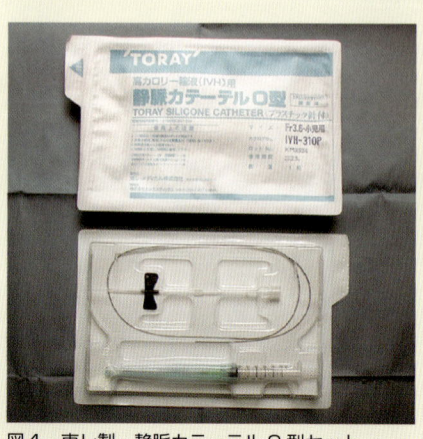

図4　東レ製　静脈カテーテル O 型セット

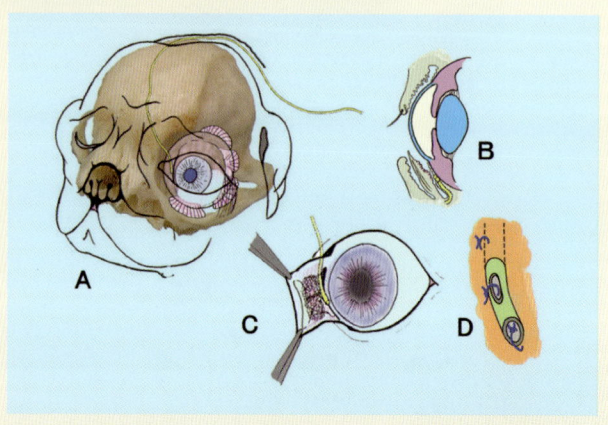

図5　シリコンチューブの刺入部、皮下ルートと瞬膜面の結膜嚢内の端末処理の方法

の留置針の外筒を挿入し、これをシリンジ接続のための端末とする。常時は、そこに、どこにでもある輸液用端末に使用する生ゴムの栓を押しこんで蓋をしておく（図6-J）。また、カラー装着ができない犬、猫に関しては、チューブの端末は、約4cm程度の長さに切断したままの状態にしておく。

こうすることで、動物は、そこにチューブがあることをほとんど気にしない。家庭で、目薬の投薬を行う場合は、25Gの注射針の先端を切断（不慮の事故、また、他への転用を防ぐ）したものを渡し、そのチューブに針を挿入し、計画された薬を決められた時間に飼い主が動物の背部から点眼（?）する。

おわりに

一見、乱暴で破廉恥な手術法かも知れない。なにせ、目薬を背中から点眼（?）するわけだから。しかし、やってみると、急性、慢性の角膜炎や角膜潰瘍、乾燥性角膜炎、また角膜損傷などでフラップを施した後の抗生剤、抗真菌剤などの投与にも抜群の効果を発揮し、治療期間の短縮につながる。なによりもうれしいのは、動物の性質や飼い主の器用さなどにまったく関係なく、ほぼ確実に投薬の量や回数の計画が立てられることにある。言うなれば、慣れたら手放せない手術である。この「瞬膜下チューブ設置術」を、眼科専門の獣医師の方々にも温かく受け入れて頂けることを心から願うばかりである。

図6　「瞬膜下チューブ設置術」の経時的画像

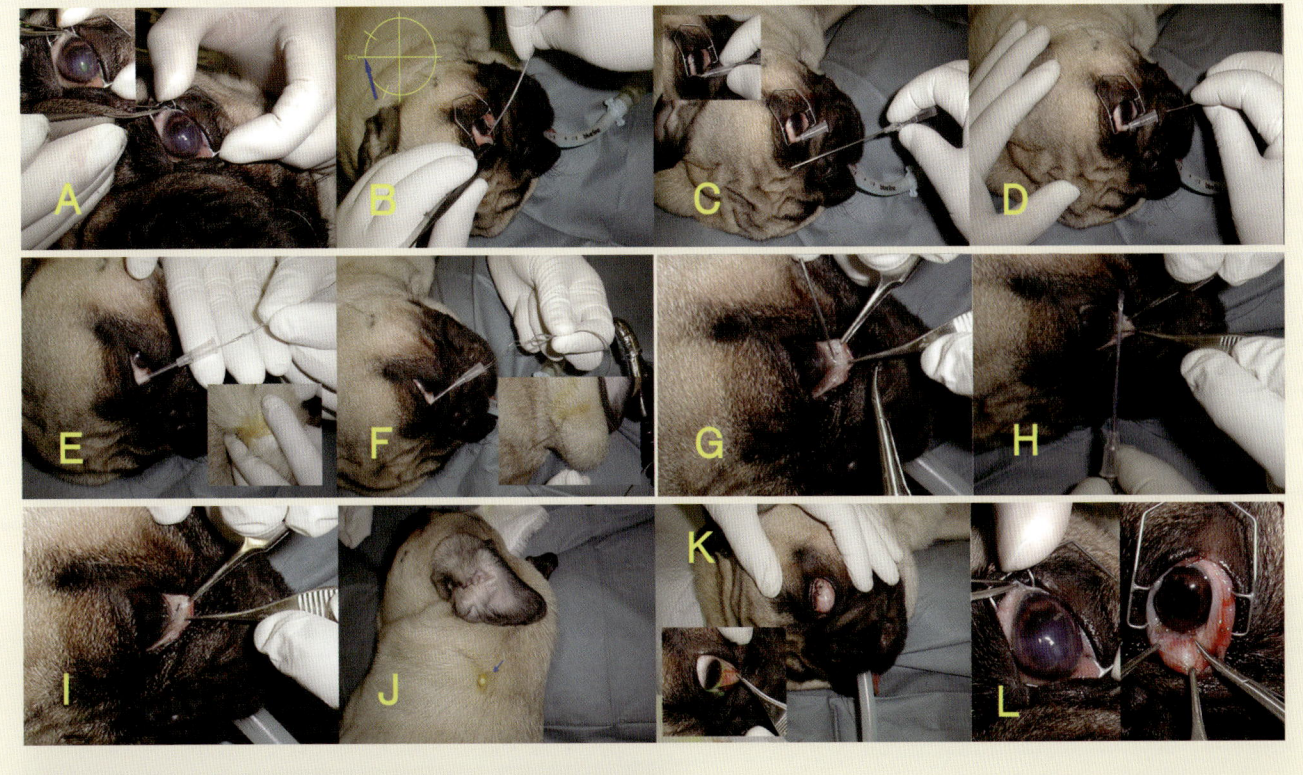

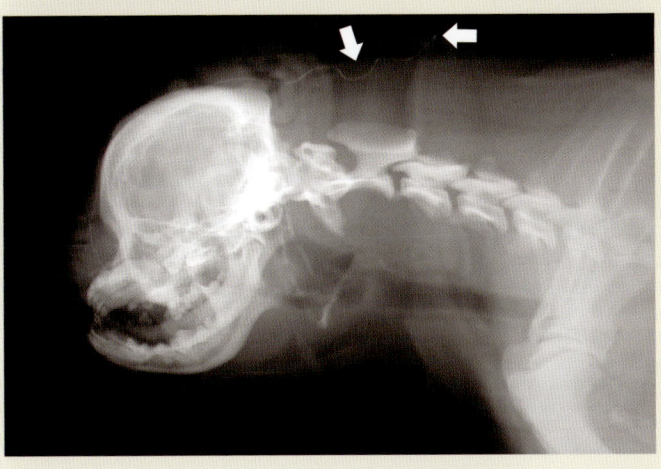

図7　術後のX線画像：シリコンチューブのルートを示す（矢印）

逆噴射尿道カテーテルの工夫

お父さん曰く「先生、猫にねずみは最高だよ！」

　最近は、動物の尿のpHをコントロールするFLUTD対策を施されたフードが浸透し、以前ほど尿石症で来院する症例は多くはないうえ、結石の成分も変わってきている。本稿にて紹介する「逆噴射尿道カテーテル」を工夫した当時は、現在のようにストルバイトをフードで溶かす術もあまり知れ渡っておらず、また、フードメーカーの配慮も足りなかった時代である。ある調査によると尿石症の80%がこのストルバイトであった時である。当然、尿石症の症例も多く、猫では、とくに去勢した雄猫が尿道に結石をつまらせては来院した。そのようななかで、今でも忘れられぬエピソードがある。

　ある時、尿石症の猫を連れて来院したお父さんがいた。そのお父さんは、農業を営み、馬も飼っていたし、樹木にも造詣が深く、私の病院の周辺の木の名前の謂われを教えてくれたりと、たいへん話し好きな人であった。私は、そんなお父さんにつられて、猫の尿石症の成り立ちや、猫という動物の生理について、年もまだ若かったし、調子に乗って一席ぶっているうちに、つい口を滑らせてしまった。

　「お父さん、今のキャットフード（当時も、すでに尿のpHをコントロールするフードは存在した）は、100点満点ではないんですよ。実は、神様が猫に与えた本当の完全配合飼料は、"ねずみ"なんですね。ねずみの体の中には、蛋白、脂肪、炭水化物が適度に入っているし、水溶性のビタミン、ミネラルのすべてがバランス良く含まれており、理想的な配合飼料なんです。しかも、あのねずみの毛が消化を助けたり、お腹の中でクッションになって便が狭い骨盤の中を通過しやすくしているんですよ。だから猫は、夜、目が見えたり、パラボラのような耳があったり、長い時間をかけて、体を理想的なハンターに作り変えて来たんですね。ただ、そんなことを皆に言ったら、誰も、この病院には来なくなるけどさ」。

　それから数カ月後、また、お父さんがワクチンを打ちに猫を連れて来た。その後の調子を尋ねると、お父さん曰く「いやあ、先生が"ねずみ"がいいと言うから、あれから、ねずみをやり出したら、すっかり結石は治ったみたいだワ。ねずみは最高だね。今は、フケもないし毛並も良くなって見違えるように元気だよ。これもすべて先生のお陰ですわ」。

　お父さんは、あれから、家の周辺に籠を仕掛けては、ねずみを捕るのを生き甲斐のようにしていたらしいのである。猫も、それを捕えて食べるのを心待ちする毎日であったようだ。実際、尿検査の結果では、pHも下がっており、ストルバイトもまったく確認できなかったことから、初めて、次のような結論に達した。「ねずみは、猫の尿石症の特効薬なり！」。

会陰尿道瘻造成術、名前は聞こえがいいが、実は、恥ずかしい手術だ

　尿石症の患者が来院すると、その都度、既製のカテーテルで尿道を通してやるのだが、慢性的に何度もつまってくると、尿道粘膜は炎症が激しくなり、石もつまりやすくなるし、カテーテルが通過しにくくなる。その状態になると、猫はいつもざらざらの舌でペニスを舐め、炎症も激しさを増してくる。さらに悪いことに、ペニスの先端を指で押さえ、圧力をかけてフラッシュを繰り返すと次第に先端が欠損し変形してくる（図1）。何度もそんなことをしているうちに、突然、カテーテルが尿道を突き破り、しかも、それを知らずにさらにフラッシュをすることになる。

　「さあ、たいへんだ」。もうその段階では、尿道が甦ることはまずない。そこで、飼い主に電話をして事情を説明し、いよいよ、会陰尿道瘻造成術、腹壁尿道瘻造成術、直腸尿道吻合術の出番になる。しかし、これらの名前の聞こえはいいが、一連の手術は、結局は、カテーテルと格闘し最終的に獣医師が敗北した結果行う手術でもあり、私を含めて多少の責任が、獣医師側にあることを忘れてはならない。

苦労してやっと完成した会陰尿道瘻造成術

　会陰尿道瘻造成術は、1990年当時、文献では、Wilson、Johnston、Hauptmanなどの術式が知られていた。しかし、まだまだ流行りの手術法で、国内でも学会がある度に新しい術式が山村、土井口、澤らによって報告され、それを追試する日々が続いていた。もっとも大切な部分は、尿道と皮膚を縫合して、その後の瘢痕収

逆噴射尿道カテーテルの工夫

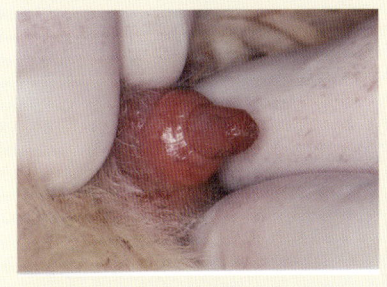

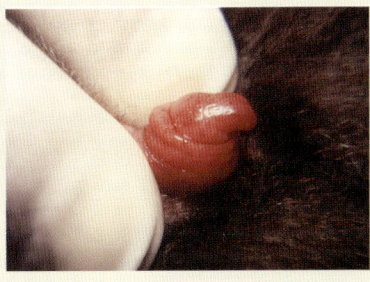

図1 長期の結石排出で先端が欠損し、変形した猫のペニス

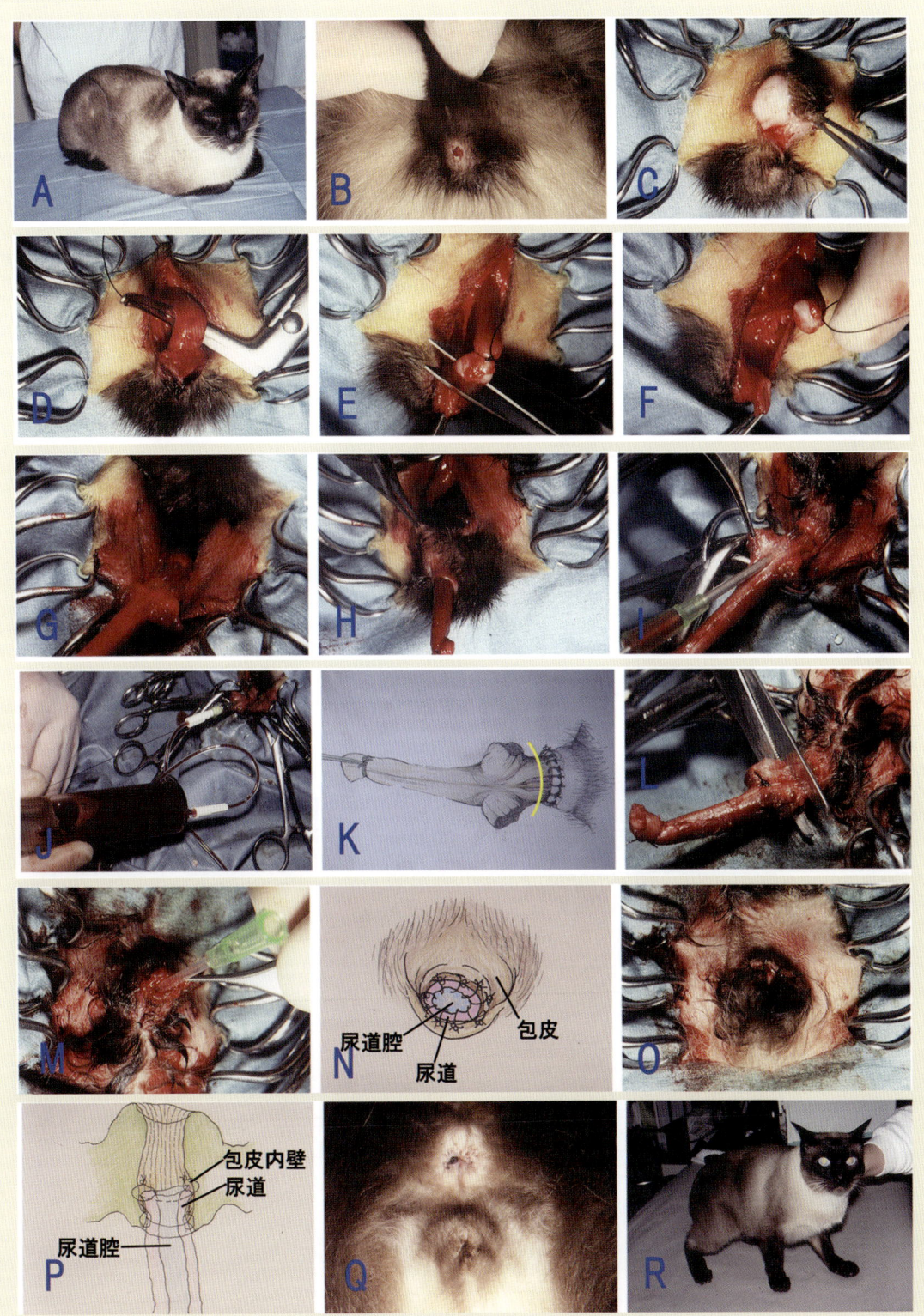

図2 川又式会陰尿道瘻造成術
A：術前の猫の沈鬱な状態
B：繰り返す結石によりペニスが変形
C：陰嚢を切除
D：尿道を露出
E、F：尿道を縛って切断
G：陰茎脚を切断
H：尿道に包皮を被せる
I：陰茎脚も包皮の中を通し、留置針を尿道に刺す
J：尿を排泄させる
K：尿道球腺の直後で切断する場所
L：尿道を切断
M、N：尿道と包皮内壁を縫合（細かく縫わないこと）
O：包皮を縫合
P：術野のシェーマ
Q：術後1カ月後の術部の状態
R：術後1カ月後の症例

43

縮に打ち勝ち、尿道の管腔の開口をどのように維持し続けるか、であるが、私の手技のまずいこともあるだろうが、どれをやってもあまり上手くいかない。いつの間にか尿道が細くなり、ついには、尿閉を起こしてしまうのである。私は、何年か試行錯誤しているなかで、ついに、自分でも納得のゆく方法をみつけ出し、1993年に学会に報告した。それが図2で示した会陰尿道瘻造成術である。

包皮の一部を尿道として利用するが、尿道の断端を皮膚の表面には出さずに、陰茎脚のさらに深部、尿道が大きく広がった部分で包皮と接続し、しかも、尿道を包皮で包むようにすることで尿閉を起こりにくくする方法である。手前味噌な話ではあるが、手術法も簡単で、しかも、表面からはまったく手術したこともわからないために、美容上も優れていると考え、この術式を今でも続けている。

逆噴射尿道カテーテルの工夫

最近のキャットフードについては、メーカーも尿石症に配慮するようになり、たいへん良い傾向にあるようだ。本当は、すべてのメーカーがすべてのキャットフードに対しMgの配慮をし、pHのコントロールをすべきなのであろうが、いったん尿石症になったら、その結果のすべては獣医師の技術力にかかってくる。そうなると、その成否の如何はカテーテルの能力によるところも大きい。このように考えると、どうもすっきりしない。もう少しカテーテルを使った良い方法はないものかと真剣に考えた。そこで、入手可能なすべての医療用カテーテルを手に入れ、その構造や材質を検証したが、どうも納得がいかない。そんなある時また頭の中でパルスが走った。「そうか、押してもだめなら引いてみなだ！」。

考えてみると、今までの方法はすべて尿道につまった結石をなんとかして膀胱内に水圧を利用し押し戻そうとする方法であった。そこで、その小さな結石の粒を奥に押し戻すのではなく、手前に、つまり入り口方向に排出する方法はないものかと考えた。そのためには、カテーテルの先端から液体を噴き出し、しかも、前方に噴射するのではなく、後方に、つまり、真後ろに噴射させなければならない。そんなカテーテルなど世の中に1本もない。これは大変難しいことであり、それから試行錯誤が2年ほど続いた。そうしてようやく完成したのが、図3に示した「逆噴射尿道カテーテル」である。

この逆噴射尿道カテーテルは次のような特徴を備えている。

① このカテーテルは、外径1mm（3Fr.）、長さ40cmのポリエチレン製で、先端が閉じた、いわゆるクロスエンドになっており、その直後に先端とは逆向きに2つの穴が開いており（図3拡大図）、シリンジなどで液体を流すと、後方に勢いよく、液体が噴出するカテーテルである（図4）。

② 従来のカテーテルのように、尿道の中に力で押し込んでフラッシュする必要はまったくない。したがって、

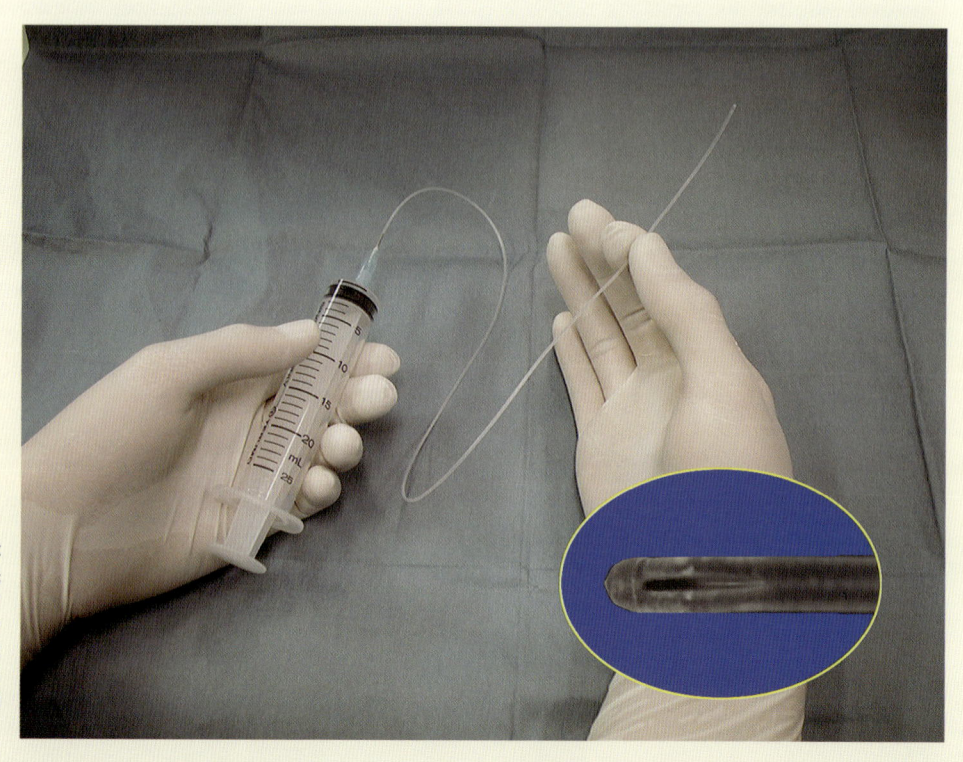

図3　猫の逆噴射尿道カテーテル全体像。円内は先端部の拡大。先端から逆向きに液体が噴出する。材質はφ1mmのポリエチレンチューブ。先端に熱を加えた26Gの注射針で逆向きの穴を2個開け、その後チューブを回転させながら先を封する

ペニスの先端を指で押さえる必要もない。左手でペニスの根元を、右手でカテーテルを押さえながら、こきざみに前後に振動を加え、同時に液体を噴出させながら尿道の中に押し送ると、自走するように前進して行く（図5）。

③従来のカテーテルのように尿道の内腔に液体による圧迫を加えないので、液体が尿道外に漏出することもない。
④従来のカテーテルのようにエクステンション・チューブを連結する必要はなく、約40cmあるのでカテーテルだけで操作ができる。
⑤このカテーテルは、導通のためのカテーテルであるから、排尿にはより太いカテーテルを使用すべきである。
⑥たった1個の結石だけでつまっている場合は、このカテーテルはあまり役立たない。

まぼろしのカテーテル

ようやく尿道に優しい、しかもペニスを傷つけない、便利なカテーテルが出来上がった。

使ってみると実に便利で、このカテーテルが完成してからは、会陰尿道瘻造成術が1例もなくなったほどである。実は、ある時、あまり便利なので仲間の獣医師にも使ってもらえたらと考え、ある企業の力を借りながら製品化を考えた。ところが、いろいろと画策はしたものの、問題山積みでついに断念し、実現は不可能であった。その理由を聞いて驚いた。カテーテルなど医療資材全般を製造している某大企業に人を介してサンプルを送り、製品化の可能性を探ってもらったが、その返事は「1本のコストが8,000円で、しかも1,000本単位でなければ作れない」というものであった。あまりの高額にびっくりしたのと、これでは、われわれの業界ではおそらくは1本も売れないだろうということになった。私が作ると、自分の人件費を除く材料費だけならば1本100円で出来上がるものが、である。

ただ、ひとつだけ忘れられぬ誇らしいこともあった。その某大企業の技術者達が、このカテーテルを見てなんと言ったかを仲介役の人に尋ねたところ、「世の中にはキチガイみたいな人間がいるもんだね」と言ったそうである。おそらくは、この「逆噴射尿道カテーテル」は、彼ら長年の匠でさえも、その思考の外にあったのではと考え、私は心から満足をした。この逆噴射尿道カテーテルは、もう、私は製品化する予定はないし、作るつもりもない。場合によっては、まぼろしのカテーテルに終わる可能性もある。もし、読者諸兄の中で、自分もこのカテーテルを作ってみようと勇気ある考えの方がおられたら、ほとんど設備もいらず情熱だけあればできるので、どうか挑戦してみて頂きたい。私としても、このカテーテルを作り続け、使い続けて下さる方が1人でもこの業界におられるのは誠にうれしいし、獣医冥利に尽きる話でもある。

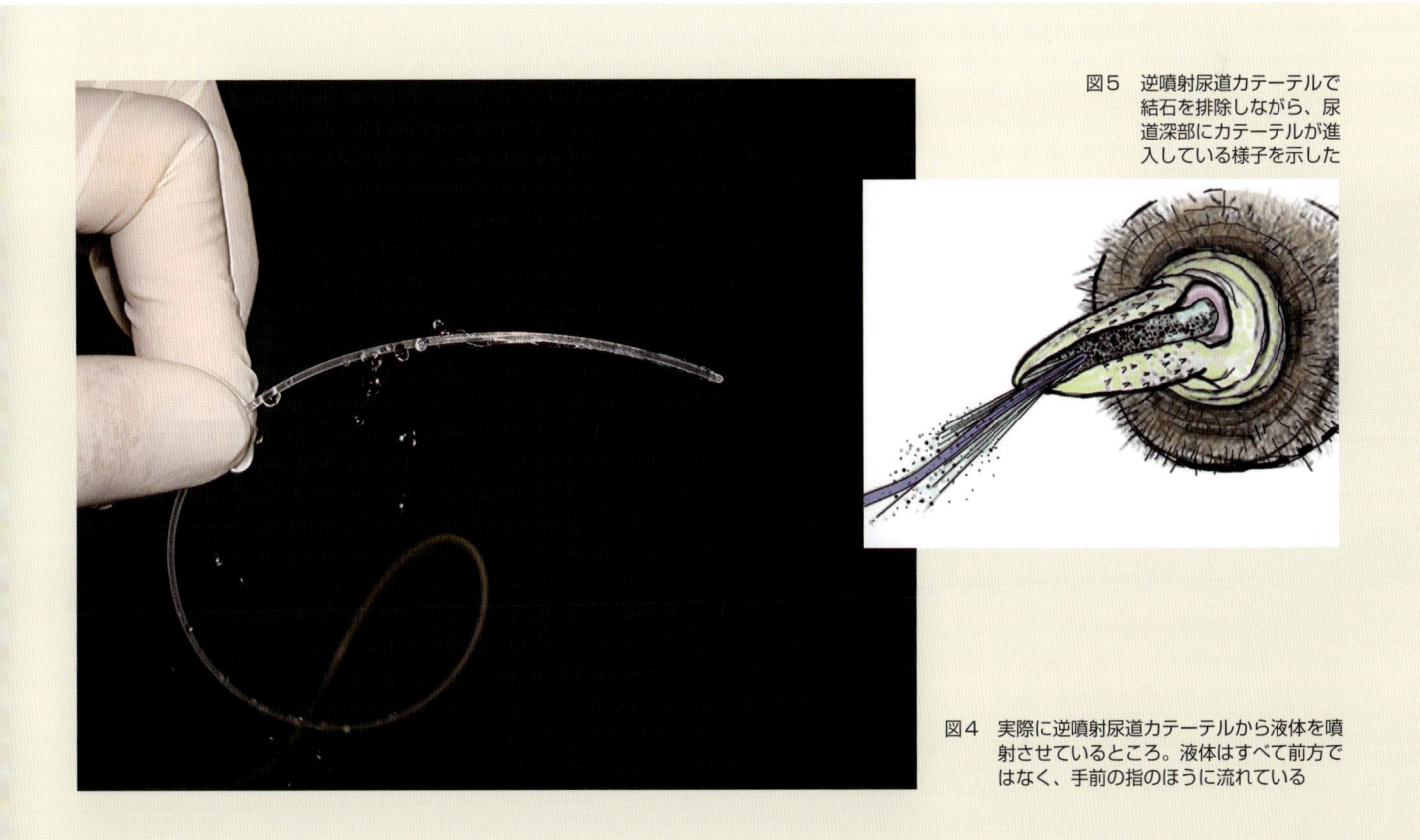

図5　逆噴射尿道カテーテルで結石を排除しながら、尿道深部にカテーテルが進入している様子を示した

図4　実際に逆噴射尿道カテーテルから液体を噴射させているところ。液体はすべて前方ではなく、手前の指のほうに流れている

4 動物の骨折治療をもう一度考え直してみよう

－小動物の運動器を対象とした新しい内固定による骨折治療法構築の試み－

はじめに

　ダーウィニズムの権化のような読者諸兄を前にして、神を引き合いに出すことの無礼をお許し頂き、動物を仮に、森羅万象の造化の神が創ったロボットに例えれば、われわれ獣医師は、そのロボット（動物）を修理する修理工とは言えないだろうか。したがって、たとえ人間が英知を集めて創った人工関節と言えども、神が創った部品にくらべれば、足元にも及ばない原始的な粗悪品と言うことになる。しかも、そのロボットとは意思の疎通が難しく、いったん壊れる（骨折する）と、人間に修理されるようプログラムされていないためにことごとく反抗的で、授かった自分のホメオスタシスの力だけで治そうと考えているらしい。そのため、われわれ修理工のすべての行為は「小さな親切、大きなお世話」と思っているようだ。

　結論から先に申し上げれば、この手の話には、人様に自慢できるような理想的な治療法など、端からあろうはずはないのである。しかし、そう言ってしまえば、このストーリーは終わってしまうので、そのような悪条件の下でも、われわれ修理工は何かをしていかなければならない。したがって、動物の骨折の治療とは、そんな彼らを、知恵と技術と情熱を駆使して、見た目と機能を限りなく元通りに近づけ、ＱＯＬを維持させ続けるアドベンチャー・ストーリーのプロローグを書き始めることにほかならない。もし仮に、その患者たるロボットと、そのロボットの飼い主、そして修理工のおのおのがハッピーエンドになるエピローグが書けない場合には、ネバーエンディング・ストーリー（癒合不全）が始まることになる。

苦悩する臨床家と綱渡りの診療現場

　骨折の治療は、経験の多少にかかわらず、すべての臨床獣医師に日々、しかも突然、その機会が訪れる。最近は、飼い主側から発信されるあらゆる情報がインターネットなどで開示され、また、仲間内の獣医師の重い口も少しずつ開き始め、本音が聞けるようになってきた。

　こうして、双方の情報量が増えるにつれて、小動物整形外科診療の現場で、何が起こっているかが次第に明らかになりつつある。それによると、骨折全体の症例数は減少しているにもかかわらず、癒合遷延や癒合不全の事例を含め、むしろ、トラブルは以前よりも多くなっていることを指摘する識者も多い。まず、何が問題なのかを整理してみた。

1 整形外科診療を行うには、マンパワー、ハードウェア、ソフトウェアの3つが必要

　整形外科診療を行う動物病院の能力を決定する要素は3つある。

　まず、最初に考慮すべきは獣医師の数と技術力のマンパワーである。骨折を手掛けるには、少なくとも、院長と勤務獣医師を合わせて3名以上は欲しい。しかも、個々の獣医師の整形外科に対する確かな技術力も、骨折治療の成否に関わる大きな要因である。ところが、国内の動物病院の形態は、63.7％が未だにワンマン・プラクティスで、勤務医が1人の病院を合わせると85.5％になるそうである。考えてみると、ワンマン・プラクティスでありながら、「何でもやります」の総合病院的なスタンスそのものが、第三者的な見方をすれば誠に異常な環境なわけであり、すでに、ここに危険要素が隠されている。

　2つ目がハードウェアである。いくら、技術的な能力があっても、人間の器用さには限界があり、やはり、機械設備を中心とした手術室の環境が整っていなければ満足な手術などは望めない。

　そして、最後は、もっとも大切で、その病院の資産とも言うべき院長や勤務医の頭の中にある整形外科に対するセンス、すなわちソフトウェアである。

　このように、動物の整形外科診療には、獣医師の数であるマンパワー、設備や環境のハードウェア、そして、治療法としてのソフトウェアのどれが欠けても満足な手術は望むべくもなく、どうも、今の獣医療では、自信を持って整形外科をやりますと言える動物病院はごくわずかであり、大半のクリニックでは、大なり小なり、これらに問題を抱えているらしい。

2 飼い主の認識と実際の骨折治療との間の大きなギャップ

　ある仲間内の獣医師が酒席において、「最近はほとんどの飼い主が、ほんの数万円で、しかも入院期間10日

間くらいで、いとも簡単に"ペットの交通事故（骨折）は必ず治るもの"として病院を訪れるようになった」と嘆いていた。インターネットなどを利用し、ヒトの医療費の情報を入手してみると、例えば、交通事故などで大腿骨を折って、リハビリ前までの約1ヵ月間の入院で、医師のレセプト請求金額は200万～300万円だそうである。また、もう5年ほど前の話ではあるが、ヒトの大腿骨の骨折に使うインターロッキングネイルがどのような構造になっているか詳しく知りたいと考え、1本注文をしたことがある。その際に業者は「先生、止めたほうがいいですよ」と大変失礼な回答を寄こした。値段を聞いてみると、1本278,000円、やはり止めたほうが良かったのである。

では、われわれ獣医療では、骨折の治療費はどうなっているかを探ってみると、少し古い資料で申し訳ないが、平成11年の日本獣医師会の「小動物診療料金の実態調査結果」によれば、骨折手術として載っている1,486病院中の平均が39,290円。100,000円以上と回答した病院が29病院だけあった。単純に計算はできないまでも、われわれ獣医師は、ヒトの医療費の実に30分の1ほどの費用で、世界中のヒトの整形外科医がのけぞるような難手術に立ち向かうクレイジーな仕事をしていることになる。こんな状態では上手くゆくはずはないのである。

筆者の病院に交通事故の犬を抱えて走り込んで来るなり「先生！ここの病院にはICUはありますか？」と言った飼い主がいた。八つ当たりを言う訳ではないが、憎むべきは"24時間動物病院最前線テレビ"。それでいて、ほとんどの飼い主は、動物病院の診療費を想定する場合、ヒトの医療費の総額ではなしに、健康保険の自己負担額とだけ比較する人が多い。ここにも大きなギャップが存在し、飼い主の思惑と、手術の結果が少しでも異なる場合は、たちまち、緊張が走り、トラブルにつながることも多い。筆者は長い間、仲間内の獣医師に「骨折の治療で、満足のいく治療費の見返りはありますか？」と問い続けてきた。結果は、十分だと答えた人は今まで誰一人もいなかった。満足な見返りがなければ、次の設備への投資もできない。それも、失敗につながる連鎖の要因になっているのは確かである。

3 すばらしいAOの基本理念と方法論の大きな疑問

1958年、スイスの医師グループAOが始めた共同研究が、それまでの骨折治療が内包する多くの問題点を解決に導く手がかりになることが明らかとなり、ヒトの整形外科の分野で大きなうねりとなって全世界を席巻し、彼らAO/ASIFが提唱する骨整形外科の生体力学に基づく整復法は、いまや、全世界の骨折治療のスタンダードとされ、その理論は整形外科医のバイブルとまで言われている。

当然、われわれ獣医療にもその影響は大きく、AO/ASIFグループが推奨する骨折の癒合理論には感動に値するものがある。最近では、骨折部を眼下にさらし、強制的に骨折端同士を圧着させながら解剖学的な整復を行う手法から、分子生物学的な理論に基づいて生体の自然治癒力をサポートし、生理学的な骨癒合を手に入れる手法に替わりつつある。この新しいAO/ASIF理論は、生物学的観点からもすばらしいものであり、そのすべては、動物の骨折治療の基本理論として十分模範となるものである。かく言う筆者も、このAO/ASIF理論の強い信奉者の1人である。しかし筆者は、次の2点で、われわれ獣医療は、大きな問題を抱えていることを改めて認識すべきであると考えている。

第1点は、動物の手術法を論ずる場合には、ヒトとはまったく異なる重要な要素を念頭に置かなければならないと考える。具体的には、われわれと患者とは、意志の疎通がまったくできないということである。これは、われわれの手にする成書の多くが、ヒトの骨折治療の手法をそのままシフトしたものも多く、たとえ、AO/ASIFが提唱する手術理論でも、獣医療の現場で実践するには難しい要素を多く含んでいる。

これは筆者のざれ言ではあるが、逆に、意思の疎通がまったくなく、医師の指示にはことごとく反抗的で、術後に大暴れをし、皮膚の表面に見えるあらゆるデバイスを一瞬のうちに破壊しようとする患者だけを対象としたヒトのAO/ASIF理論があったならば、まったく違った方法論になるはずだと考えたりする。実は、筆者達が対象とするのは、すべて、そうした患者にほかならないことを再認識すべきである。結論から申し上げれば、ヒトの受け売りのAO/ASIFの方法論（基本理論ではない）は、動物にはまったく通用しないといっても過言ではない。

第2点は、使用するプレートなどのデバイスの問題である。われわれ獣医療の現状は、手に入るデバイスは動物用とは名ばかりで、そのほとんどが、いわば"人間用"のラインナップの中にある。言葉を代えれば人間用の転用である。その良い例が、動物の骨格は、どこをとっても、2億年の哺乳動物の進化の歴史を受け継いだ複雑な形をしており、市販のプレートのようにフラットであったり、スクエアーなところなど1ヵ所たりともないのである。本当の意味で、構造や機能など、動物の症例に適応するデバイスを使える環境には残念ながら未だにない。

こうして、問題を掘り起こしてみると、骨折の治療が上手くいかない、失敗する要因は、非常に複雑で多岐にわたり、簡単に結論づけられるようなものではないが、さらに整理してみると、動物病院の運営上に帰する問題、すなわち、マンパワー、ハードウェア、ソフトウェア、それに、飼い主とのさまざまな諸問題に関しては、なんとか解決の道がないわけでもない。

しかし、最大の問題は、皆が納得できる、しかも、小動物診療の現場から産み出された動物専用の骨折治療法（方法論）を、実は、まだわれわれは手に入れていないことである。

④

模索の日々と解決の糸口

では、いったいどうしたら良いものか。動物のためになにか良い解決策はないものか。思い悩むうちに、解決のヒントになる2つの課題が浮かんできた。

その1つは、今、われわれが採用している手術法そのものに、現場の手術法として無理があるのではないか。人医がヒトの健常者のために考えた手術理論のシフト版ではなしに、新しいコンセプトに基づいた、もっと簡便で、少ない人数でも実施できる、成功率の高い動物用の骨折治療法はないものかという考えであった。そしてもう1つは、"人間用"のインプラントを"動物用"に転用する従来の方法では、動物の予測しがたい術後の動きに対応できていないのではないか。新しい考え方に立った、動物用のデバイスはないものか。

この2つの課題に対する答えがみつかれば、今よりも少しはましな骨折の治療が、筆者の病院のような多少不備な現場でも期待できるかも知れない。そんなことを考えた苦しい日々の果てに、筆者は自分なりのある解決策にようやくたどり着いた。

現在の骨折治療法（運動器）の分析と問題の掘り起こし

まったく新しく物事を考える時は、現状をまず整理するのが一番である。そこで現在、動物の骨折の治療法として採用されているいくつかの手術方法を簡単に整理、比較してみた。

例えば、大腿骨が楔状に折れた中型犬が来院したとする。これはAO/ASIFの分類では32-B-1になる。骨折している場所や術者の得手不得手もあるが、いくつかの選択肢が考えられる。そこで、代表的な手術法、すなわち、（1）ピンニング、（2）ピンニングとサークラージワイヤー、（3）プレーティング、（4）創外固定の4つの手術法を取り上げ、どの方法がどのような特徴を持っているかを改めて検討してみた。おのおのの手術法には、比較をするために、a.回旋、屈曲（撓み）、牽引（圧迫）、剪断（ずれ）に対する抵抗の度合、b.周辺組織に対する手術侵襲の度合、c.術後の動物の自由度と見た目の残酷さ、の3つの項目を設け、単純に○×△で判定を行った（図1）。

図1をみると、ピンニングは、よほど上手くスプリントやキャスティングでもしない限り、骨の癒合が完成するとはとても思えない。では、ピンニングとサークラージワイヤーはどうであろう。これもピンニングよりは少しは信頼度が増すが、犬の自由な外力に抵抗し、骨の回旋、牽引、剪断を押さえ込めるとは言いにくい。次に、プレーティングはどうか。こちらは、回旋、牽引、剪断のいずれにも強い抵抗を示すが、屈曲（たわみ）には信頼度が低い。これは、プレーティングの宿命で、信頼度を上げようとすれば、どうしても、太く、厚く、長く、頑丈なプレートと多数の太いスクリューが必要になる。これがまた、項目b.の周辺組織の手術侵襲につながる。しかし、動物の自由度はあるし、表面からはデバイスが見えないため、外観からはその残酷さはまったく認められないという有利さもある。

さて、最後の創外固定はどうか。これは、プレートを創外に出し、骨を貫くエリスピンをスクリューの代わりと

図1　既存の手術法。特徴の比較

考えればわかりやすい。すなわち、プレートと同様に回旋、牽引、剪断にも強い抵抗を示すし、やはり、屈曲（たわみ）には信頼度は低い。ところが、プレートと真反対に組織への手術侵襲はほとんどなく、生体が備えているサイトカインを総動員できるという強みもある。ただし、いくら固定法を工夫しても動物の自由度や見た目にギョッ！とする残酷さと2カ月間戦うのは、それなりの忍耐が必要となる。

小動物用の骨折治療法として診療現場から生まれた、2つの冒険的対処法

こうして考えてみると、前述の手術法には、どれも有利な点がある一方、不安要因や問題点が含まれており、われわれが現在、現場で採用している手術法は、高度な設備環境の下で定められた正しい手順と技術、徹底したインフォームド・コンセントを実施してこそ、かろうじて破綻から免れえる危うい手術法と言わざるを得ない。

では、もう少しましな、実践的で、癒合不全が起こりにくい手術法などはもう存在しないのであろうか。

実は、たった1つだけ存在し得るのである。それは簡単なことで、ピンニングとプレーティング、さらにはサークラージワイヤーも同時に施せば良い。当然、これは乱暴な言い方で、従来のような考え方で、たんに3通りの手術法を同時に行うという次元のものでは決してなく、まったく新しいコンセプトに基づいて、動物のための新しい骨折治療法を構築し直さなければならない。もし、それが実現すれば、夢のような手術法をわれわれ臨床家は手にすることになる。

もうおわかりかと思うが、実は筆者は、20年も前にその空想の手術法を手に入れるべく、がむしゃらにのめり込んで行ったのである。それが、今回ご紹介する2つの冒険的な試み、すなわち、ピンニングとプレーティング、さらにはサークラージワイヤーの利点だけを集め合体させたWPP Assembly法と、さらに、その考え方の中から発展的に産まれた、最初から、体内にオーダーメイドのインプラントの埋め込みを目的とした骨折治療法である。

WPP Assembly法の基本理念と方法論

この手法の基本的な理念は完全にAOに従っている。しかし、方法論においては、ヒトの医療からの受け売りではなく、小動物診療の現場から生まれたまったく新しいコンセプトに基づいたものである（図2）。本法は、4つの部品からできている。

すなわち、骨軸に沿って髄内に挿入するピン、骨の表面に設置するプレート、そこから直角に伸びるウイング、そしてプレートと髄内ピンを結ぶスクリューである。その重要なポイントは、髄内ピン、プレート、ウイング、スクリューを個々のパーツとは考えずに、すべてを一体（アッセンブリー）のデバイスとして捉え、骨を含めた全体で負荷の共有を行うことにある。したがって、個々の部品については、太く、大きく、頑丈な方向にではなく、少しでも金属などの人工的な構築物の量を減らし、生体に負担をかけぬよう、可能な限り、細く、小さく、強靭なものが選択される。

例えば、本法でのプレートは、従来のような幅の広い、

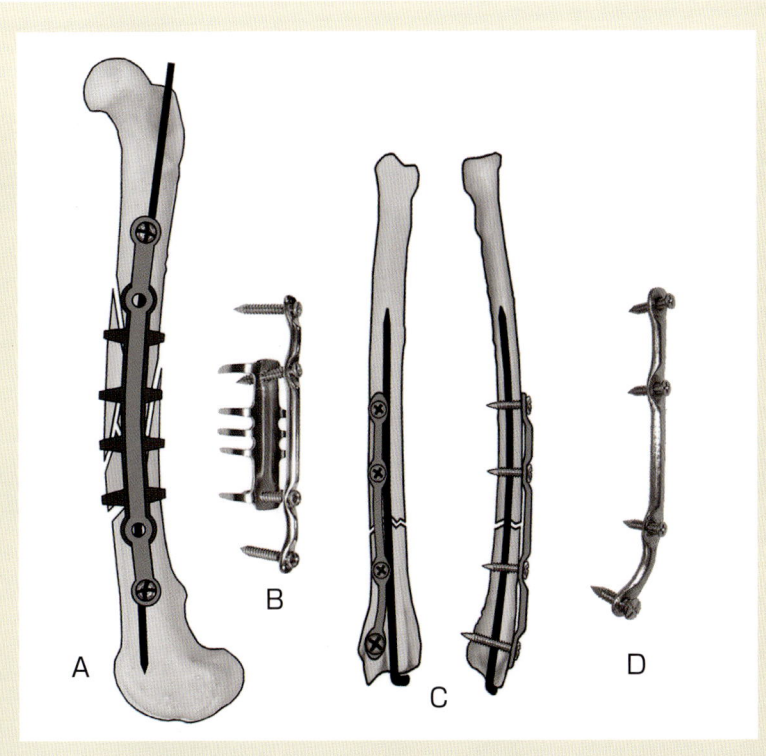

図2 WPP Assembly法の手術を表した図と実際の症例に使用したデバイス
A：症例1の手術図式をイメージしたもの
B：症例1に使用したデバイス
C：症例2の手術図式をイメージしたもの
D：症例2に使用したデバイス

厚く頑丈で、四角ばったものではなく、細く、線材の所々にスクリューの穴が開いたようなロッドプレートの形をとり、症例の骨折の状態に合わせて変化に富んだバリエーションが可能である。いま1つ重要な工夫は、骨との接触面をできるだけ減らすため、スクリューのネジ穴の周辺だけが骨と接触する、いわゆるリミットコンタクト（ＬＣ：点接触型）になっていることである。また、このプレートは、時にはサークラージワイヤーの利点だけを取り込んだ、さまざまなパターンのウイングを取り付けることもできる。サークラージワイヤーの有利性は骨軸に対し直角に骨をワイヤーできつく締め、剪断力に抵抗し、骨片を母骨から遊離させない効果があるものの、一方で、血流を阻害し、組織を寸断し、骨の癒合機転を遅らす欠点もあった。そこで、本法では、骨片を引き寄せ、ホールドし、剪断に抵抗するサークラージワイヤーの有利性だけを得ながら、それでいて、組織を寸断せず、ダメージを与えないよう工夫した、さまざまなバリエーションのウイングをプレートに取り付けることができるようにした。

髄内ピンは、中、小型犬や猫では、通常はキリュシュナーピンを利用する。骨軸に沿って刺入されたピンの働きは、たんに骨の外部からの屈曲や撓みに抵抗するばかりではなく、プレートと連動し、ねじ込まれて来るスクリューを両脇にしっかり捉え、力を連動して内外から骨の不動を保つデバイスの一部という考え方である。そのため、ピンが髄内で骨軸に対して横にわずかにずれる程度の太さ、すなわち、骨の直径に対し30％程度が適当で、例えば、猫の大腿骨の場合には、φ2.0〜2.4mmの太さが適する。このピンをスクリューで押さえるアイディアは、ピンが回旋力に弱いという弱点をも是正する。

本法でのスクリューの考え方は、従来のプレーティング時のスクリューとはまったく異なる。従来法では、責任をスクリューだけに課して、骨に数多く刺し込み、骨に加わる外力を一手に引き受けさせ、回旋、牽引、剪断に抵抗するパワーの担い手とさせてきた。それに対し本法では、全体のデバイスの一部として、プレートと髄内ピンとの間にあって力を連動させるためのシャフトの役目を担うという考え方である。そのため、従来のプレートに使用するスクリューのように、φ3〜4mmのものをまずタッピングして、その後、スクリューを締める必要はなく、猫や小・中型犬でも、φ2.0〜2.5mm程度の皮質骨用スクリューをタッピングなしで髄内ピンめがけて締めてゆく。

したがって、従来法では、スクリューがいったん緩み始めると、すべてが破綻につながるが、本法では、スクリューは責任を負っておらず、フェイルセーフが働くため、少しの緩みは壊滅的な破綻にはつながらない。

なお、WPP Assembly法の名前の由来は、ウイング（W）、プレート（P）、ピン（P）を一体化（Assemble）し、1つのデバイスとみなすことから筆者が名づけたもので、以前はWPP Locking法と呼んでいたが、Lockとは少し意味合いが異なるので、今はWPP Assembly法と呼んでいる。

WPP Assembly法の特徴と利点

①本法では、従来のプレーティングのように、骨を片面からのみ強固に固定し、スクリューをすべての不動力

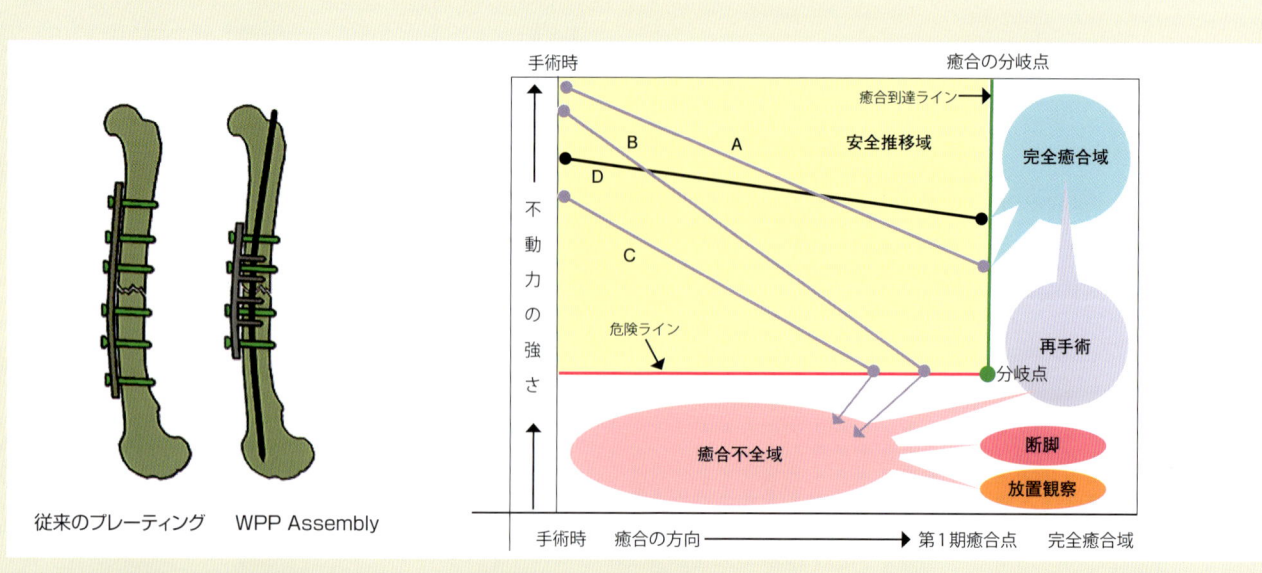

図3　従来のプレーティングとWPP Assembly法との経時的な術後の不動力の推移予想
　Ａ：従来法で、手術時の不動力も十分あり、第1期癒合点でも高い不動力を保っていたため、完全癒合にこぎつけた例
　Ｂ：従来法で、手術時には十分不動力はあったにもかかわらず、その後の不動力減衰が激しく、第1期癒合点では、癒合到達ラインまでたどり着けなかった例。癒合不全に陥った
　Ｃ：従来法で、最初から不動力が足りず、当然、第1期癒合まで到達できず、癒合不全に陥った
　Ｄ：WPP Assembly法による骨折治療例で、手術時にはあまり不動力は高くなくとも、その後の減衰が少ないために、第1期癒合では安全域にあり、完全癒合に至った例

のカギとする（AOの基本がこの方法である）のではなく、骨折部をあらゆる方向から支えるため、回旋、屈曲（たわみ）、牽引（圧迫）、剪断（ずれ）のいずれの外力にもよく抵抗し、長期間にわたる骨の不動化が期待できる。その理由は、すべての部品をアッセンブルし、全体として1つのデバイスとして働かせ、負荷の共有を行うからである。

② キャスティングやスプリントの必要がなくなる。従来の方法では、橈骨、尺骨の骨折だけは、1カ月もの長い間、キャスティングを余儀なくされていたが、本法ではキャスティングから開放されるため、犬の骨折にはキャスティングやスプリントといった概念がなくなる。皮膚の表面に人工の構築物がないために、周辺の軟部組織の回復を早め、動物の自由度を保ち、見た目の残酷さもまったくない。そのため、動物は術後数日のうちに痛みがなくなるのを待って自由に歩き始め、そのことがまた、備わった治癒力の活性化にもつながる。

③ 骨が多くの骨片に分かれた複雑骨折の場合は、従来の手術法では、ラグスクリューやキリュシュナーピンなどで、いちいち骨片を母骨につなぎ止める必要があったが、本法では、それをいっさい無視し、粉砕骨のすべてをウイングですくい、引き寄せる手法であり、それでいてサークラージワイヤーのように強い締結はないため、組織の損傷や血流の阻害は少ない。骨片が多ければ多いほど、ほかの手術法にくらべて、骨の癒合には本法は有利に働く。

④ 従来の手術法は、個々のパーツが破綻すれば、それが直接、骨の癒合不全の引き金になりかねない。これは、すなわち、時の経過とともに次第に不動力が減ずる"不動力漸減型"と呼べるものであるが、本法では、万が一、デバイスの一部が破損した場合でも、確実にフェイルセーフが働き、全体のデバイスの破綻まではつながりにくく、その意味では、"不動力持続型"であり、結果として、癒合不全になりにくい（図3）。また、個々のパーツに加わるトルクが平均化されるために、金属疲労も生じにくく破損もしにくい（図4）。

⑤ ウイングは必然のものではない（図6、図2-B）。単純な横骨折などは、必ずしもウイングの必要はなく、非常に細いプレートで事足りるわけで、場合によっては、皮膚から突き刺して骨折部分まで到達させ、切開創をつくらずに内固定を行う手術、すなわち、AO/ASIFのMIPO（最小侵襲プレート固定法）の実現も期待できる（すでに実績もある）。この場合は、動物に過度の身体的負担をかけずに、プレートを抜去することは容易である（図6-G）。

⑥ 本法では、交通事故などによる運動器の単純な骨折症例に限ると、過去の実績では、ほとんど術後10日間の入院によるケージレスト、その後は通院という形で進む。これは、飼い主、動物、獣医師の三者ともに納得しやすい周術サイクルであり、とくに動物が退院時に抜糸も終わり、皮膚の表面には人工的な構築物も全くなく、受傷前と同じように歩いて退院する姿は快いものである。

WPP Assembly法によるモデル症例

2つほど症例を紹介する。しかし、こんなことができた、あんなこともやれたという個々の症例のでき栄えの

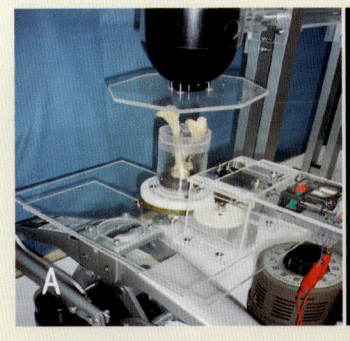

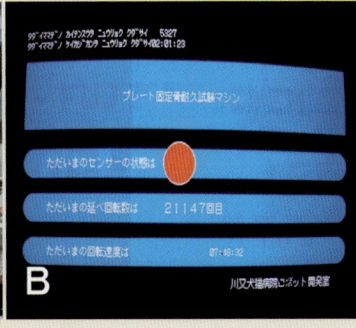

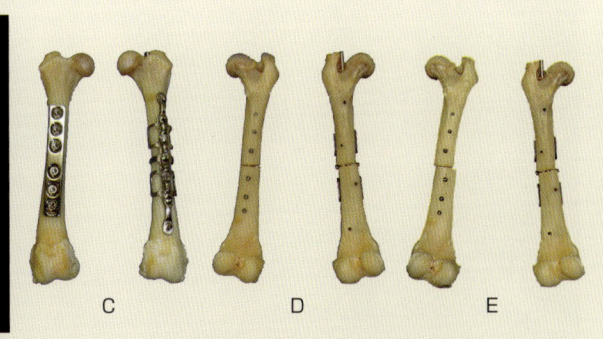

図4　AO法とWPP Assembly法との破壊試験
　　　カップの中に手術済みの骨を入れ、パソコンでランダムに回転させ、上から1kgの重りで打ち続け、回転数と破壊までの時間を記録した
　　A：自作の破壊試験機と打撃中の様子
　　B：打撃中の時間と打撃数をカウントしているパソコン画面
　　C、D：同一の犬の左右大腿骨を中間で切断し、一方をAO法で、他方をWPP Assembly法で手術し、破壊試験を行った
　　E：結局、1.3秒に1回打ち続け、21,147回、7時間48分32秒後に機械を止め、破壊の度合いを比較した結果、AO法に剪断がみられた

類は、実は、なんの意味も持たないこともご理解を願いたい。重要なことは、その手法の根本に流れる思想、すなわち、基本理念を理解し、自分に合った骨折治療の方法論を会得することにある。

症例1：交通事故に遭遇した雌、5歳齢のロングコート・チワワが来院した（図5）。この症例は、AOの分類では大腿骨の楔状骨折であるから12-B-1になる。そこで、この症例にWPP Assembly法の思想に基づいたもっとも適するロッドプレートとウイングを自作し（図2-A、図5-B、F）、適用し、その経過を図5に示した。術後1カ月目にプレートとウイングを抜去し（図5-C）、2カ月目にピンを抜いた（図5-H）。抜ピン後4カ月目の検査では、歩様にも問題はなく、骨量も十分であった（図5-D）。

症例2：飼い主の腕から飛び降り、橈・尺骨の遠位を骨折した、雌、1歳齢のイタリアン・グレーハウンドが来院した（図6）。この症例は、橈骨骨幹の単骨折であるためにAOの分類では22-A-2になる。そこで、WPP Assembly法を適用し、この症例にもっとも適したロッドプレートを自作し、適用した（図2-C、D、図6-B）。術後1カ月でロッドプレートは抜去し（図6-C、G）、術後2カ月目でピンを抜き、その後、まったく問題はなく、キャスティングを使わずに完治した（図6-D）。遠位3分の1の橈骨と尺骨の破砕性骨折は、小型、またはミニチュア犬種において発生率が高く、癒合不全に陥りやすい傾向がある。とくに、イタリアン・グレーハウンドの場合は、骨が細く、長く、動きが敏捷で、しかも性質が臆病なことから、昔からわれわれ臨床家の間では、この種の骨折を上手く治すことは、整形外科を志す獣医師の技術力を自己判断する基準のようになっている。今回は、WPP Assembly法の技法を用い、しかも、まったくキャスティングなしで手術を行い、ほぼ完全な癒合に導くことができた（図6-H）。

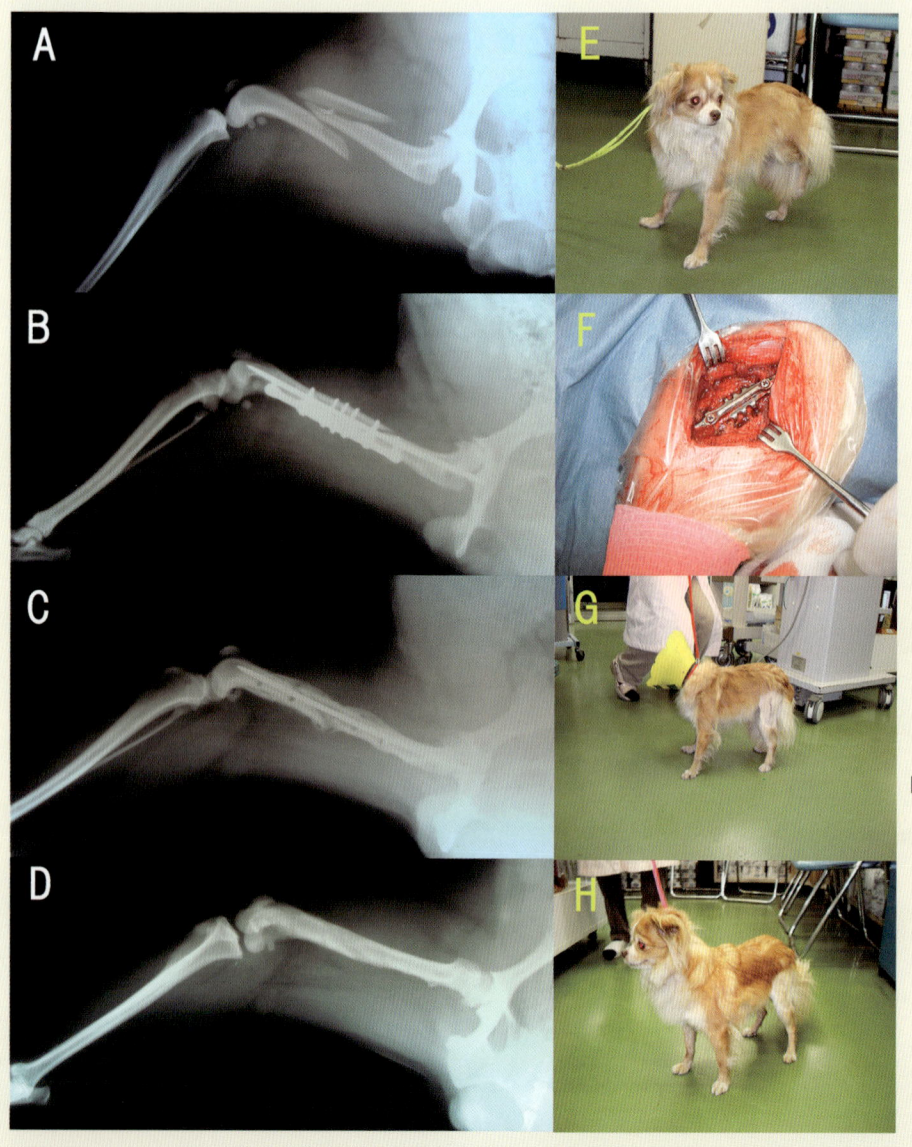

図5　症例1：WWP Assembly法を適用した大腿骨楔状骨折（AO/ASIFでは12-B-1）を起こしたロングコート・チワワ
A、E：術前のX線画像と症例1の全体像
B：X線画像を参考に、WWP Assembly法のコンセプトに基づき、図2-A、Bのようなデバイスを作製し、適応した
F：術中の状態
G：術後10日目退院時
C：術後1カ月目、プレート抜去時
H：術後2カ月目、抜ピン時
D：術後4カ月目のX線画像

WPP Assembly法を発展させた、埋め込み専用プレートによる骨折治療

　前述したように、WPP Assembly法は、小動物診療の現場から生まれた動物専用の骨折治療法である。また、その基本理念はAO/ASIFの理論に完全に従っているが、方法論はまったく異なる独自のコンセプトに基づいている。そこで、筆者は「使用するデバイスは、術後、生体から速やかに摘出すべし」との整形外科の鉄則からも一歩踏み出し、むしろ、術前からデバイスの摘出をしない、まさにインプラントとして生涯埋め込みを意図した手術計画を立てることを試みた。これは、おそらくは、学会では禁句として誰も口の端にもしたこともない冒険に満ちた考え方である。

　しかし、これは、動物だからデバイスを抜かなくとも良いなどという単純な、次元の低い発想からではなく、医療用SUS316-Lステンレスは、インプラントとして優に動物の一生の時間を超えた数十年の耐用が確かめられていることと、新しい、動物のための骨折治療法構築のなかで、場合によっては人工関節のように「抜かぬためのプレートがあって良いのではないか」という長い経験と実績からの勇気ある決断であるとご判断頂きたい。たとえ、本法の適用症例であっても、髄内ピンは、通常2カ月を過ぎた頃に抜去するが、最初から埋設を想定したプレートのみ、術前から計画したとおり、生涯、埋設したまま残置される。この手法に適用する細く薄いプレートとスクリューの金属量は、従前の、太く、頑丈なプレートとスクリューを合わせた量にくらべ1/3以下であり、そのことは、体内に残置する金属の生体に及ぼす異物としての影響の低減という目的にも適っている。

　では、埋め込み専用プレートを適用した具体例を提示する。

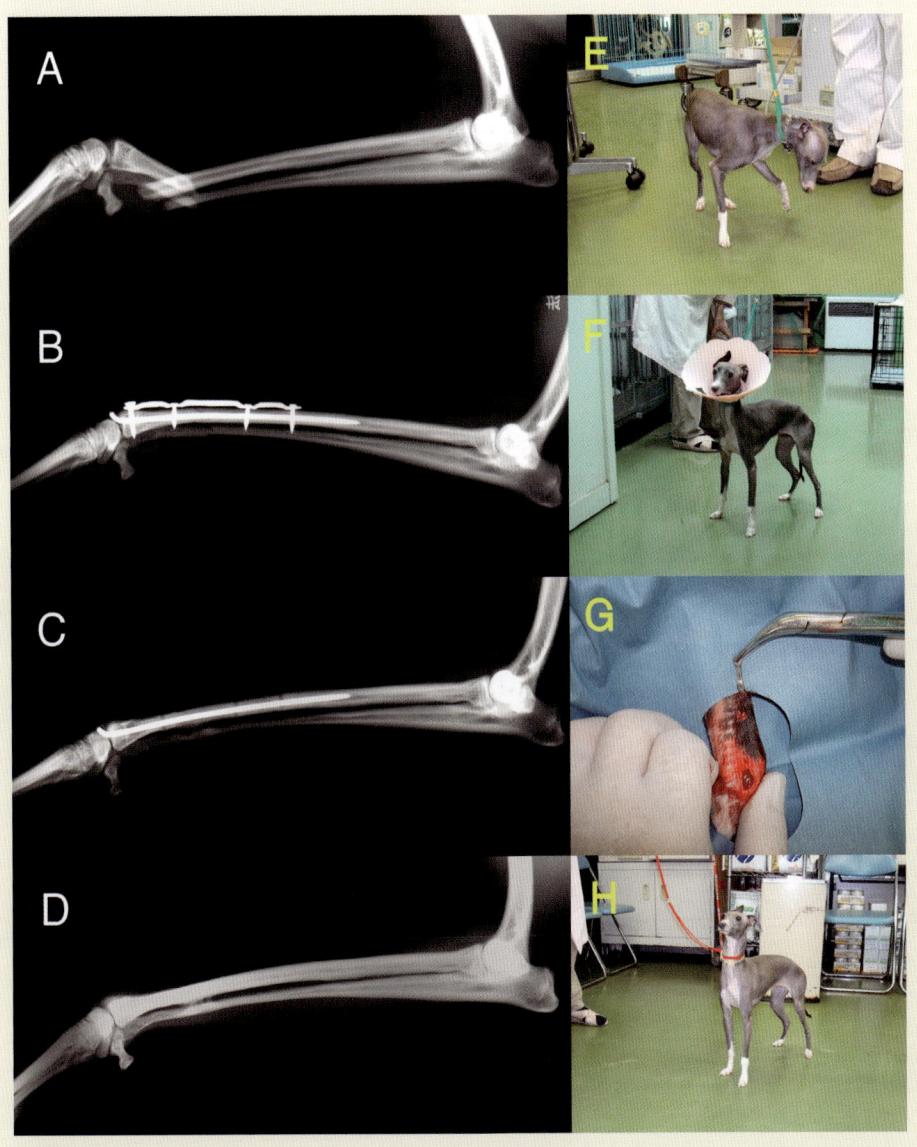

図6　症例2：橈、尺骨遠位骨折を起こしたイタリアン・グレーハウンド
A、E：術前のX線画像と症例の全体像
B、F：WWP Assembly法のコンセプトに基づき、X線画像から最適なデバイスを作成し（図2-C、D）適用した
C：術後1カ月目。ロッドプレートを抜去し、さらに1カ月後抜ピンした
G：ロッドプレート抜去時の様子
D、H：術後4カ月後のX線画像と全体像

埋め込み専用プレートの適用症例

本症例は、5歳齢、雄の雑種猫、戸外で交通事故に遭い、左上腕骨に楔状骨折（AO/ASIFの分類では12-B-1）を起こしたものである（図7-A）。ただし、この猫は、性質が大変荒く、家庭内でも特定の家族以外には決して触らせないという曰くつきの猫である。そこで、この猫だけのための埋め込み専用のプレートを作製し、その適用を考えた（図7-B）。

まず、猫の場合は、あまり個体の大きさに差がないことから、性別が同じ別の個体の骨を用意し（図8-A）、X線フイルムを参考に、骨折部分に粘着性の透明なフィルムを巻いて、その上からWPP Assembly法のコンセプトに基づいて、プレートのデザインをする。次に、それをスキャナーで取り込み、パソコン内で成形し、さらに、OHPフイルムに転写しパターン作りが完成する。次に、そのパターンをSUS316-Lのステンレス板にアイロンなどを使って熱転写し、そのパターンに従って、切断用ディスクやグラインダーで切り出し、歯科用のカーバイドバーで、何度も症例のX線フイルムと比較しながら整形する。

SUS316-Lのステンレス板は、猫や小型犬の場合は、厚さが0.6mm、犬の中型犬で1mmが良い。そのようにして出来上がったのが図8-Lである。犬の場合は、大きさも千差万別、筆者の場合は、長い診療生活のなかで犬、猫合わせて150体ほどのさまざまな骨を集めたが、すべての臨床家が症例と同じ骨を用意できるものではない。その場合には、症例のX線フイルムから、仮想のプレートの長さや形を測定し、それに、それぞれのX線の機械が固有に持っている拡大率（筆者のX線装置の場合は拡大率が1.09）を差し引いて、実際のプレートの長さを算出している。例えば、X線フイルム上で見かけのプレートを想定し、その長さを測り5.5cmあったとすれば、5.5÷1.09≒5となり、実際に作製するプレートの長さは5cmということになる。

また、この埋め込み専用プレートを採用する最大の目的は、一にも二にも、術野の手術侵襲を手術時の1回のみにするということであり、効果も大きいが、その選択にあたっては、すべての責任が術者に帰することも忘れてはならない（図7-C）。

WPP Assembly法のプレート、ウイングなどデバイスの調達

WPP Assembly法に使用するプレートやウイングは、この業界には存在せず、すべて自作品である（図9）。いつの日かこの業界に風が吹けば、企業も動くだろうが、今のところはその声は聞こえない。したがって、この手法に賛同し、わが病院でもとお考えの諸兄は、筆者と同じ情熱を持って、自分の器用さを頼りに自作し、美しいプレートとウイングを自らの手の中から生み出さなければならない。しかも、そのすべての結果は、自身の

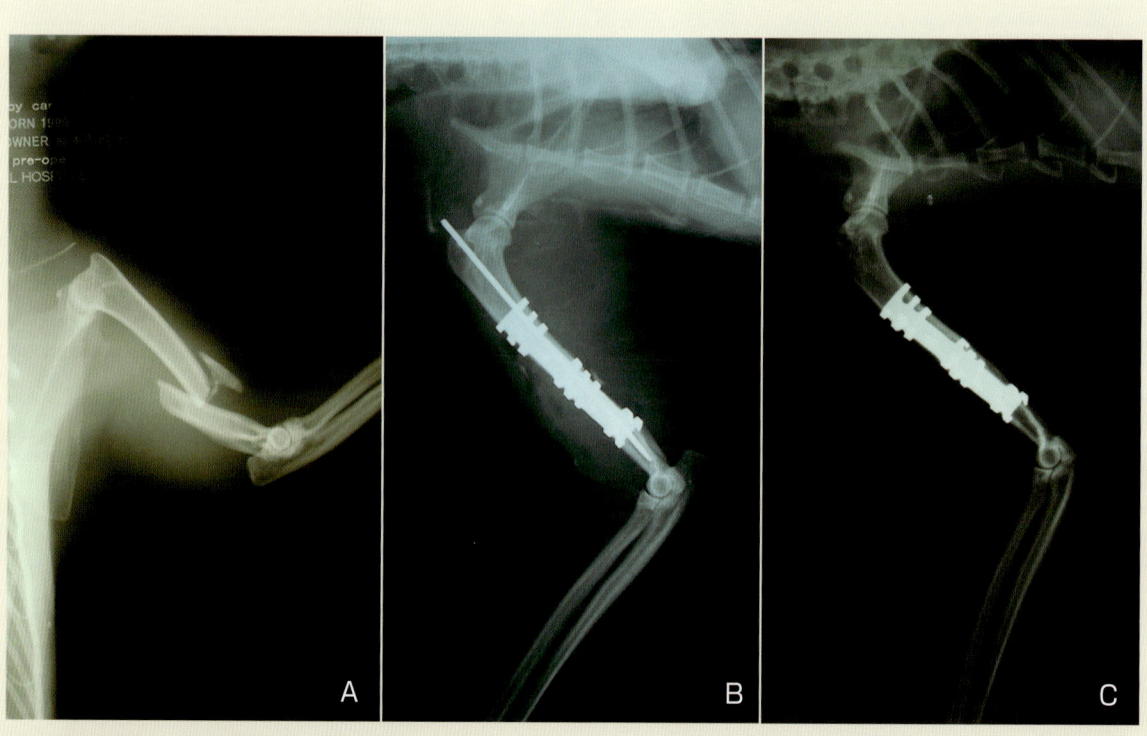

図7　埋め込みプレートの適用症例、術前、術後
　　A：雑種猫、5歳齢、雄。交通事故による上腕骨の楔状骨折（AO/ASIF分類12-B-1）
　　B：プレートを作製し（図8-A～L）適用した
　　C：1カ月で抜ピンし、プレートは残置した。術後2年3カ月後のX線画像

責任に帰することも忘れてはならない。ロッドプレートとも呼べる細身のプレートは、実は、キリュシュナー鋼線を改造したものである。また、さまざまな型のウイングは、医療用のインプラントに使うステンレスの薄板SUS316-Lから1つ1つ切り出したものである。また、スクリューだけは作ることはできないので、材質がSUS316-Lのスクリューを選択した。したがって、部品代はプレート、ウイング、髄内ピンを合わせても、ほんの2,000円もあればすみ、AOの純正部品だけを集めて行う同じタイプの場合の40,000円からみると、自分の人件費を考えなければ、あとはガスバーナーとトンカチ1本、それに万力、グラインダーとルーターがあれば出来上がるのでたいへん安上がりだ。

おわりに

骨を折った動物が目の前にいる。それをいかに上手く治してやるか、これは、すべての臨床家にとって、どうしても避けて通れない難しいテーマである。筆者達の現場には、術後大暴れをする意思の疎通ができない動物達、なかなか、現実を理解できない飼い主、見返りの薄い治療費、いつ見ても空々しい成書の記述など、荒々しい診療環境が常に存在する。そのようななかで、生体に備わっているホメオスタシスの助けを借りながらサイトカインを総動員し、先人が培ってきた多くの知識や技術と自分が持てるすべての経験を座右に、意思の疎通がない動物の骨折部分に、100万回のたわみと、一時的に、必ずやって来る骨折部分のメルトダウンを乗り越える不動の保障を与えるのは至難である。筆者は、骨折治療でなすべきことは、まず、自分だけの確かな生物学的骨癒合論を手に入れ、多くの選択肢から自分の得手不得手を考慮し、もっとも適した治療法を選択するためのセンスを養うことであると悟った。

今回は、そんな苦悩の診療の日々から生まれた2つの冒険的手法、すなわち、WPP Assembly法と、術前からインプラントとして埋め込みを目的としたプレートの作製法を紹介した。手前味噌な話ではあるが、ご紹介したWPP Assembly法は、従来法にくらべ、大変成功率の高い手法である。しかも、小動物診療の現場から生み出された業界唯一の動物専用の骨折治療法でもある。また、長い経験に裏打ちされた厳しい審査と選択の必要はあるが、最初からインプラントとして埋め込みを目的としたオーダーメイドプレートの作製と適用も、ときに大きな効果を発揮し、障害を負った動物に、再び高いQOLを与えることが可能となった。これらの方法を駆使すれば、なんとか、獣医療業界で8割を占める、勤務医がせいぜい1人以下の現在の筆者のような動物病院でも、骨折の治療が行える可能性が出てくる。

残念ながら、これらの手法は、今のところは手作りの部分があるなど、筆者だけの手法であるために、万人が認めるセオリーにまで押し上げることはできないが、長い間、自分の分身のように常に傍に置いて成長させてき

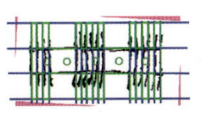

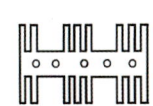

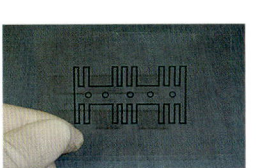

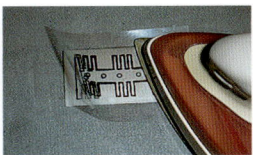

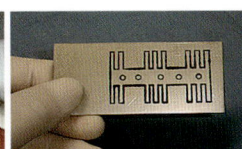

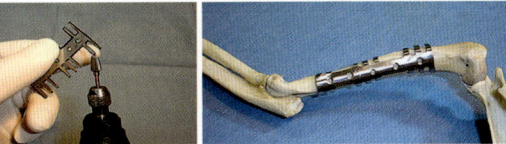

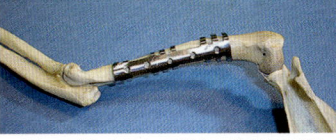

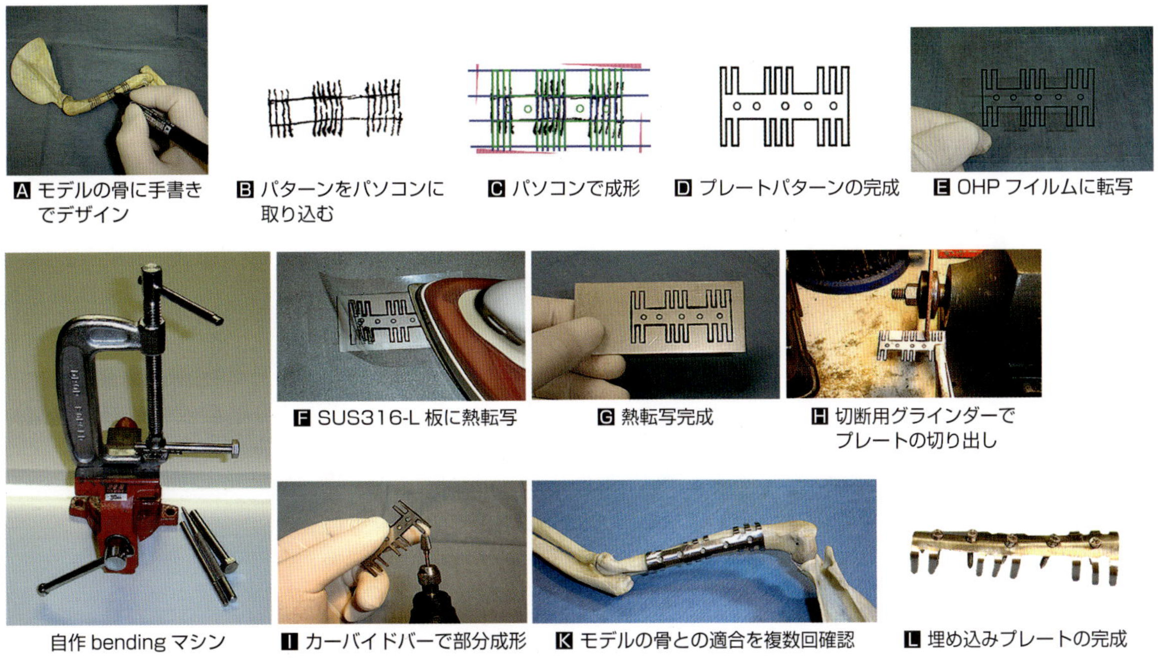

図8 WPP Assembly法に基づいた埋め込み用プレートの作成工程

た実績をもとに申し上げれば、こと癒合不全に関しては、これらの手法は、結構いい仕事をしてくれる頼り甲斐のある味方である。

願わくは、心の片隅にこの手法を置いて、ある時、骨折治療に行き詰まった折にでも、かつて、読者の先生と同じように苦悩した1人の老獣医師と、このWPP Assembly法のことを思い出して頂ければ、筆者としては望外の喜びである。

参考文献：

1）Larsen L.J., Roush J.K., McLaughhlin R.M：Bone plate fixation of distal radius and ulna fractures in small and miniaturebreed dogs. J Am Anim Hosp Assoc, 335：243250, 1999.

2）Milovancev M., Ralphs S.C.：Radius/ulna fracture repair. Clin Tech Small Anim Pract, 19：128133, 2004.

3）Rudd R.G., Whitehair J.G.：Fractures of the radius and ulna. Vet Clin North Am Small Anim Pract, 22：135148, 1992.

4）Sardinas J.C., Montavon P.M.：Use of a medial bone plate for repair of radius and ulna fractures in dogs and cats：a report of 22 cases. Vet surg, 26：108113, 1997.

5）Hamilton M.H., LangreyHobbs S.J.：Use of the AO veterinary mini 'T'plate for stabilization of distal radius and ulna fractures in toy breed dogs. Vet Comp Orthop Traumatol, 18：1825, 2005.

6）Thomas P. Ruedi,William M. Murphy（糸満盛憲・日本語版総編集）：AO法骨折治療. 医学書院, 2006.

7）Ann L. J.,John E.F. Houlton,Rico V.：AO Priciples of Fracture Management in the Dog and Cat. Thieme,2007.

8）Wade O. B.,Marvin L. O.,Geoffrey SumnerSmith,W.（泉澤康晴監訳）：新小動物骨折内固定マニュアル. インターズー, 2005.

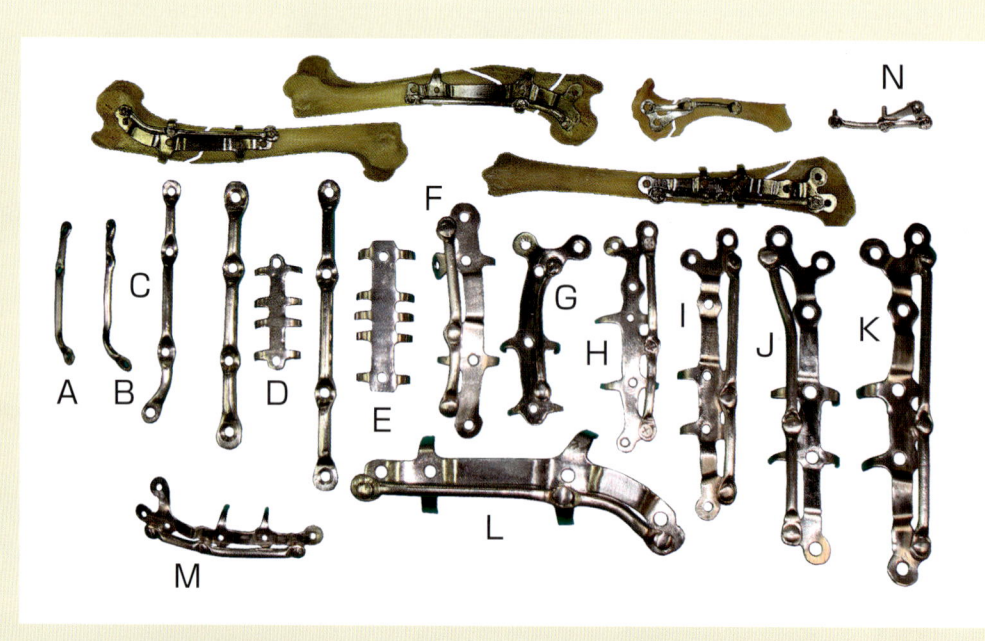

図9　WPP Assembly法に使用するプレート各種
　A〜C：前腕骨遠位骨折用（橈骨用）
　D、E：大腿骨骨折用
　F：中型犬の上腕骨近位骨折用
　G：小型犬の上腕骨近位骨折用
　H：猫の脛骨近位骨折用
　I〜K：犬の脛骨近位骨折用
　L：犬の上腕骨近位骨折用
　M：猫の上腕骨近位骨折用
　N：ダックス・フンド脛骨近位骨折用

⑤ ワンマン・プラクティス向け、ステープラー縫合法

[乳腺腫瘍は、ワンマン・プラクティス獣医師には悪夢だ]

　乳腺腫瘍で乳房の全摘を行うために動物が入院することがある。乳房の全摘を行う場合の縫合は、なんのことはない。ただただ、機械的な手作業が延々と続くだけである。しかも、時間がかかれば、それだけ高齢の動物に対しては麻酔のリスクも大きくなるし、薬物の使用量や人件費も嵩む。私は、開業した当初はたった一人だったし、今はまた一人だ。勤務医の先生が多くいた期間は、なんの問題もなかった。かつては、勤務医が5名もいたことがあり、その時には、乳腺腫瘍の症例が入院すると、手術台の周りを犬の姿が見えないほど大勢が取り囲んで、たった20分ほどで手術を終え、私の出る幕などなかったものである。ところが、獣医師が少なくなり、今のように、再び一人だけになると、ラブラドールなどの乳腺腫瘍が入院すると、それはもう悪夢の始まりになる。

　そんな時には「さて、また、あいつの出番だナ」と、私は、棚の片隅に保管していた秘密兵器のたくさん詰まった箱から、懐かしい1本のステンレス棒を取り出すのである（図2-B）。

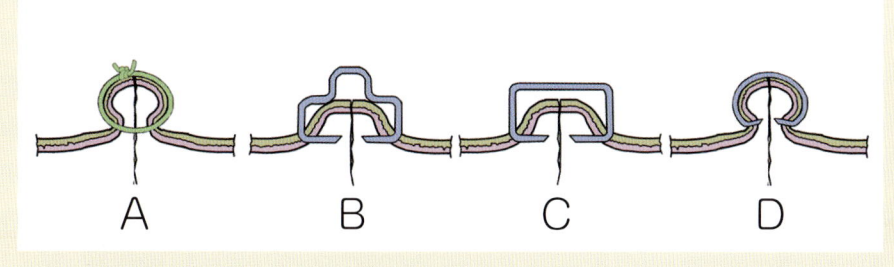

図1　各種方縫合法の断面模式図
A：一般的な縫合糸による結節縫合
B：A社のステープラー縫合器による縫合
C：B社のステープラー縫合器による縫合
D：自作のステープラーによる縫合

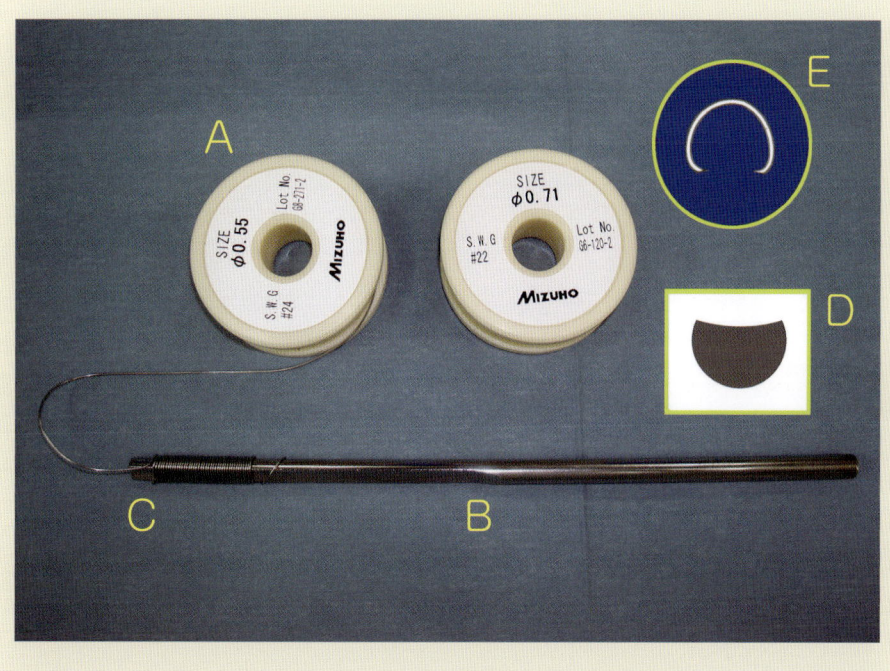

図2　ステープル作製用ワイヤーとステンレス心棒
A：ステープル作製に使用した手術用ステンレス・ワイヤー
B：ステープルの形を作るためのステンレス棒
C：ステンレス・ワイヤーを心棒に巻きつける
D：ステンレス心棒の断面図
E：完成したステープルの拡大図

⑤

医療用のステープラーは使い物にならない

　縫っても、縫っても仕事が終わらない。獣医師以外のスタッフが何人いても、縫合はいずれにしても一人だから速度はあまり変わらない。100針、200針と針数が増え、モニターを睨みながら仕事を終える頃には、精も根も尽き果てることになる。何とかもっと手早く縫う方法がないものだろうか。

　最初は、医療用の接着剤に飛びついた。何頭か症例を重ねるが、常に不安が心をよぎる。また、値段が高いのも気に入らない。そこで、当時、ヒトの医療でも流行りであった縫合用ステープラー（図1-B、C）を手当たり次第に買って試してみるが、どれもこれも上手く行かない。どうしても、皮膚とステープルの間に隙間ができて、ほとんどの動物は、その隙間に牙を押し込んで、ステープルを外してしまうからである。実は、その隙間は後でステープルを外す際に金具を挿し入れるところなのだが、動物にはこの部分がもっとも不利で余計な機能になる。そんな苦労の末にたどり着いた結論が、「ええぃ！面倒だ。自分で作ってやろう」であった。

　本稿で紹介するステープラー縫合法は、そんなワンマン・プラクティスの獣医師には少しは朗報になるかも知れない。

小動物用ステープルを自作しよう

　図2をご覧頂きたい。結局は、U字型をした半円形のステンレス製のステープルを作るわけであるが（図2-E）、その方法をご説明しよう。

　用意するものは直径6mm、長さ30cmのステンレス棒だ。これは、東急ハンズやホームセンターに行けば簡単にどこにでも売っているものである。これを、3分の2ほどグラインダーで削り、さらに、削った部分の中央を凹レンズ状に歯科用のカーバイドバーで凹ませる（図2-D）。これが、ステープルの形を作る心棒になる。次に、この心棒に固く医療用のステンレス鋼線を巻き付けていく（図2-C）。その太さは、中、大型犬用では♯22（φ0.55mm）、小型犬、猫用には♯24（φ0.71mm）が良い。症例が多く、もう少し安く作ろうと思えば、工業用のSUS-304のステンレス線を手に入れれば、1万円ほどで何kgも、それこそ一生かかっても使い切れぬほど手

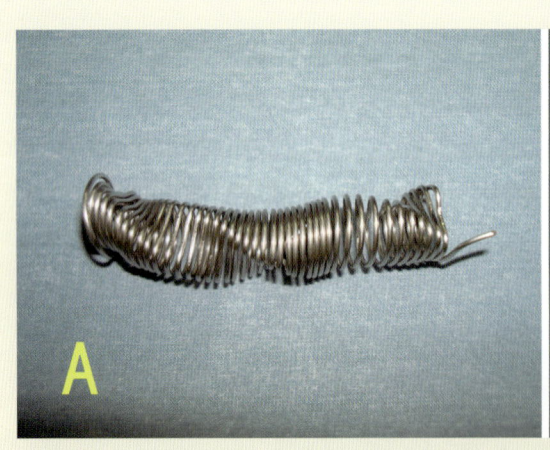

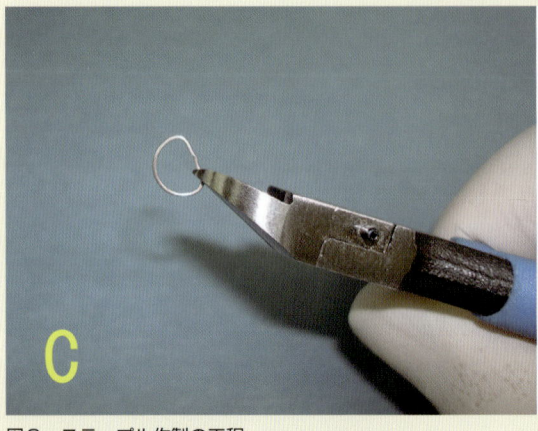

図3　ステープル作製の工程
A：心棒からワイヤーをはずす　　C：皮膚に刺さる部分を切れ味の良いニッパーで整形
B：1個ずつ、ばらばらにする　　D：完成

に入るので、ずい分と安く作成できる。たった10日間、皮膚に接触しているだけであるのだから、なにも医療用でなくとも、腐食などの心配などはさらさらない。固く巻き終わったらそれをそっくり心棒から外す（図3-A）。次に、ニッパー（できるだけ新しいのが良い）を用意して、凹部分の1カ所を切断し、これをバラバラにする（図3-B）。最後に、図3-Cのようにニッパーで皮膚に刺入する部分を作るとこれで出来上がり、煮沸消毒をすると獣医療用ステープルの完成である（図3-D）。

しかし、読者の先生にはもうひとつだけ頑張ってもらわなければならない。それは、このステープルを皮膚に装着するための"かしめ金具"を作ってもらうことである（図4）。これは、身の周りにある鉗子や太めのピンセットを利用し、その先端に、歯科用のラウンドソーで溝を彫り、その溝の中にステープルを挟んでかしめて、皮膚に装着するのである。その溝は、鉗子をしっかり万力に固定して、先生が1分間だけ息を止めて頂けば必ず完成する。

われわれは日頃から、ステンレス・ワイヤーで皮膚を縫合すると、縫合糸で縫うより感染の危険性が少なく傷の治りも格段に良いことは、すでに皆が認識している。まさに、このステープラー縫合もそのとおりで、傷の治りも1週間は短縮でき（図5-E）、何よりもうれしいのは、手術を終えるまでの時間が約3分2は短縮できることである。ステープルを抜去した跡もたいへん綺麗で傷跡も目立たない（図5-A～D）。

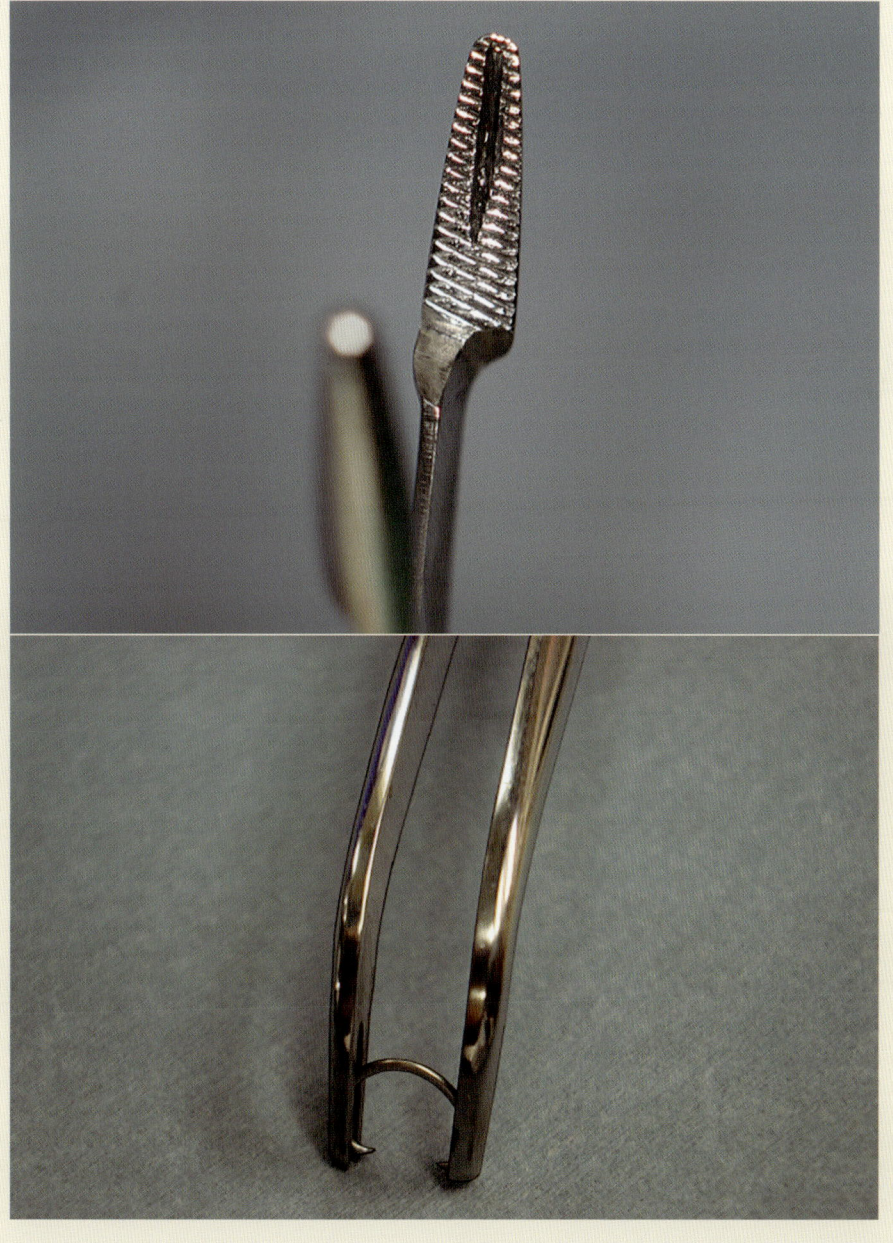

図4　ステープルかしめ鉗子（自作）

おわりに

　私は、幸か不幸か、手術法も獣医療器具も何もない時代に開業し、仕方なしに、手術法を工夫し、獣医療器具を自分で作りながら今日まで診療を続けて来た。おそらくは、これからは、私のように自由に、ある意味では無謀なことするのは難しい時代になったとは思うが、しかし、今でも私は、小動物診療の現場に役立つ新しい手術法や獣医療器具は、研究者の間からではなく、われわれのような現場で毎日苦労している臨床家の中からこそ出てくるものと信じている。ただし、そのすべての責任は自らが負う必要があることも忘れてはならない。そして、この業界の中にわずかに残っている発明や工夫の夢のゆりかごを、ぜひ、皆で大切にして育てて行きたいものである。

　われわれの業界は、昔と違って、結構大きな畑に育ったのだから、どこかのメーカーが動物用のステープラーのひとつくらいは、売り出したら結構売れるはずなのに、未だにそんな話は耳に聞こえては来ない。また、それを待っていたら、何時の間にか老いぼれてしまうに違いない。あと残るは、若い読者諸兄の情熱に頼るしかないのである。

　さあ、今夜は、テレビの野球観戦を我慢してステープルでも作ってみませんか。

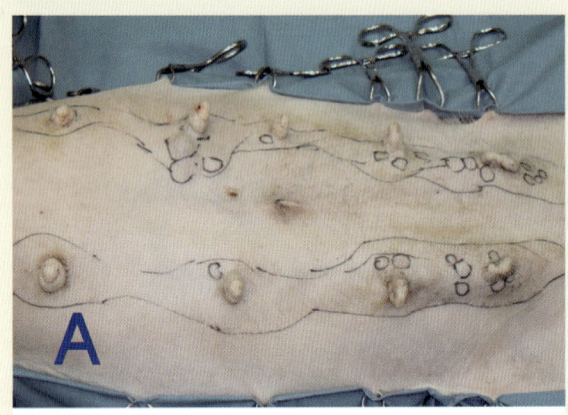

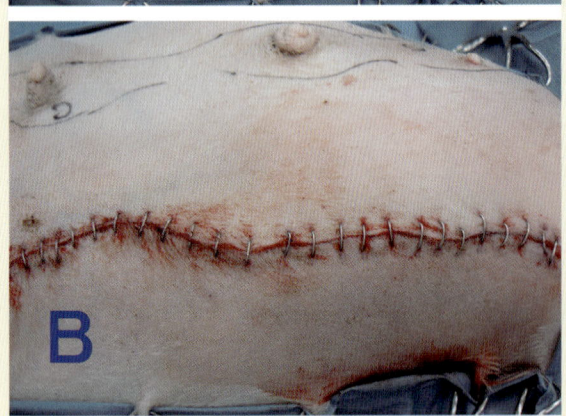

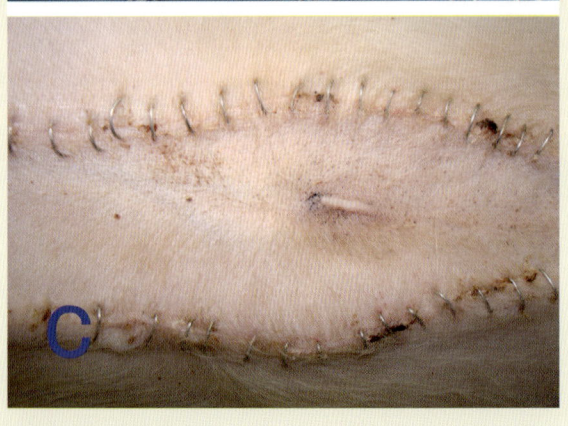

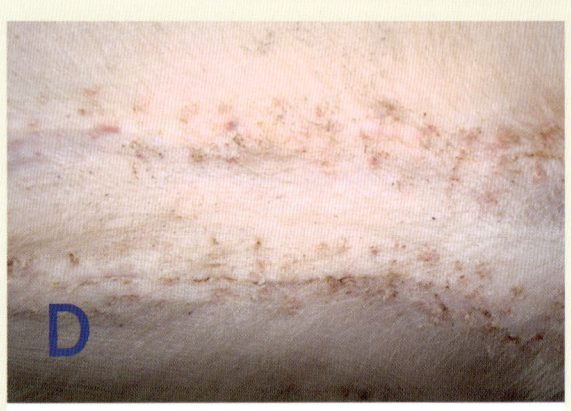

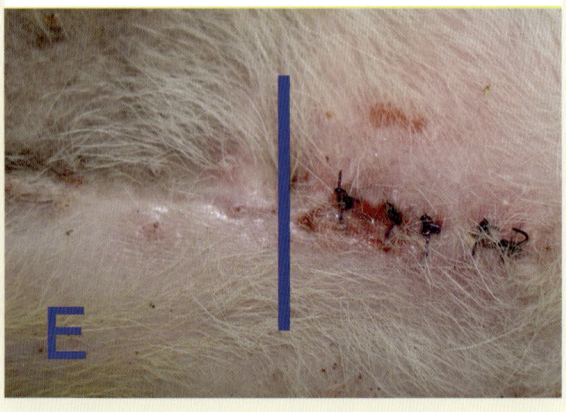

図5　手術経過（A〜D）と、別の症例での吸収糸による縫合とステープルとの比較
A：手術前
B：手術直後
C：術後10日目　ステープル抜去
D：術後12日目
E：左側はステープル縫合、右側は吸収糸で縫合

⑥ 無痛性の小動物用心電計電極の工夫

実は、動物用の電極はまだない

　今から35年ほど前に、私は初めて心電計を買った。その夜は、うれしくて興奮して寝つかれなかったものである。しかし、愕然としたことがひとつだけあった。それは、心電計に付属の電極がなく、電子基板を固く保持する鰐口クリップが4個と人間用の貼り付け型の電極が付いて来たことである（図1左端）。メーカーに聞くと、「実は、動物用の電極そのものがまだないのです。強いて何かを利用するとすれば、注射針でも使うか、四肢の先端に人間用の貼り付け電極を縛り付けて使って下さい」との話であった。当時は、注射針はすべて金属で、切れなくなると砥石で研いで使っていたが、鰐口クリップはその注射針を掴むためのものというわけである。その時、私は、「これじゃあんまりだ。いつの日か動物に優しい痛くない心電計の電極を自分で工夫してやろう」と心に決めた。

針型電極、「先生、痛そうだから、早く外してやって下さい」

　しばらくして、本当に、注射針型の電極が売り出された（図1右3種）。先端をUの字に曲げて針を皮膚に引っ掛け、ぶら下げる方式と、針を皮膚に突き通して、出て来た針先にスポンジを刺して抜けなくする方式である。これは、見るからに痛そうで、「先生、早く取って下さい」と抗議する飼い主がいたほどである。私も、何年間かはその電極を使用した。そうしているうちに、鰐口クリップ型の電極が各社から売り出され始めた（図1中央3種）。

　しかし、なかには、実際の動物で工夫、開発されたものでないためか、挟むと皮膚が赤くなったり、動物が暴れると穴があいたりするものもあった。私も、いろいろと考えてはみたが、なかなか良いアイディアも浮かばないまま、何年かが過ぎた。

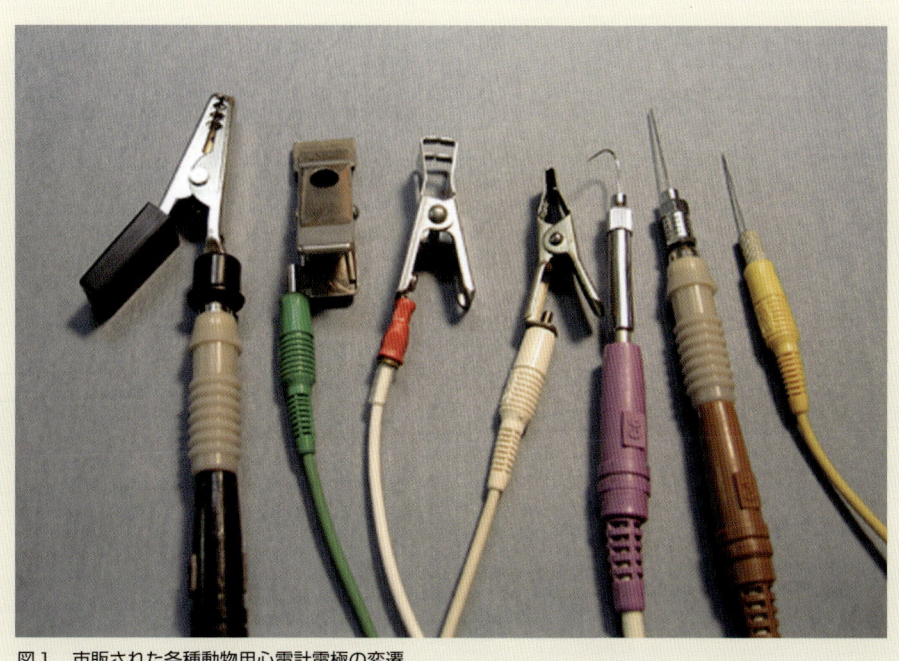

図1　市販された各種動物用心電計電極の変遷

❻

剣山型電極の完成と挫折

　ある時、IC基盤をいじっていて、ふと、ICを基板に載せるソケットを電極に使えないかと考えた。先端が丸くなった8本足のムカデ型のICソケットは、毛が生えた皮膚にも接触しやすく、押してもまったく痛がらなかった。これは良いのではないかと考え、心電計に接続してみると結構上手く波形が出てくる（図2-A）。では、動物にどのようにセットをするかがまた問題だったが、マジックテープの付いたバンドで四肢に止めることにした（図2-B）。私はもう有頂天になり、恥ずかしいことだが、その電極に「動物用剣山型心電計電極」として特許の申請までした。ところが、さまざまな形の電極を同一の動物にセットして、心電波形をオシロスコープで詳しく比較、検証してみると、奇妙な結果が出た。それはなんと、針型電極の波形の成績がもっとも良かったのである。そして、某社の鰐口タイプの電極も結構良い波形を描いて頑張っていた。しかし、私の電極は、その某社の鰐口タイプの電極より数段劣っていたのである。その時点で、自分がまだ電極の本当の機能を理解していないことに気づいた。そして、その原因を探るうちに、ある重要なファクターがあることがわかった。

　心電波形に雑音が入る原因は、筋電波の混入にあったのである。動物の体内から、微弱な電位差を引き出す場合には、決して筋肉に刺激を与えてはならないことに初めて思い当たった。針型の成績が一番良いのは、針の1点で100％の通電を得ているためであり、これは、筋肉にまったく影響されない優れものなのである。某社の電極が良い波形を出すのも同じ理由で、筋肉に影響を与えずに皮膚だけを挟むことによって良い波が出ていたわけである。ところが私の場合は、バンドで筋肉をしっかり押さえている。これで、膨大な筋電波が発生し、波形が乱れるのである。完全な失敗作だ。

逆転の発想で、無痛性の電極の完成

　すべてのアイデアが頓挫し、振り出しに戻ってしまった。しかし、諦めなかった。そして、さらに数年が過ぎた頃、頭の中に突然パルスが走った。それは、動物の体毛に対する発想の転換であった。

　私は、その時点までは、人間の皮膚は、毛がないために、電極を皮膚に張り付けることができてうらやましいと考えていた。そして、毛を常に憎々しいとさえ思っていた。しかし、よくよく考えてみると、この考えがすでに間違いであることに気づいた。ヒトの皮膚は「毛がなくて都合が良い」のではなく、「毛がないために、仕方なく、電極を張り付けている」のである。この考えは、電極に対するすべてのアイディアのブレーク・スルーにつながった。動物は、毛があるお陰で電極を皮膚の傍に設置する足がかりがあるわけで、これを、利用しない手はないと考えた。そして、次々にアイディアは発展していった。

①毛をしっかり保持できれば、必ずしも電極で皮膚を挟む必要はない。すなわち、無痛性の心電計電極ができるはずだ。

②測定の方法も、体毛を挟む方法や皮膚を挟む方法が可能だ。さらには、動物の体に電極を装着せずに、術者や飼い主の指に電極をセットし、その手を動物に接触させ測定できるはずだ。

③現場では、測定している最中に、電解質が蒸発し、なんども吹きかけたりする。それなら、最初から、電解質付きの電極は作れないか。

④電極の部品は、少なければ少ないほど故障も少ない。ならばいっそのこと、1枚の板だけで作れないか。

　こんなアイディアを詰め込んで出来上がったのが「動物用無痛性の心電計電極」である（図3）。

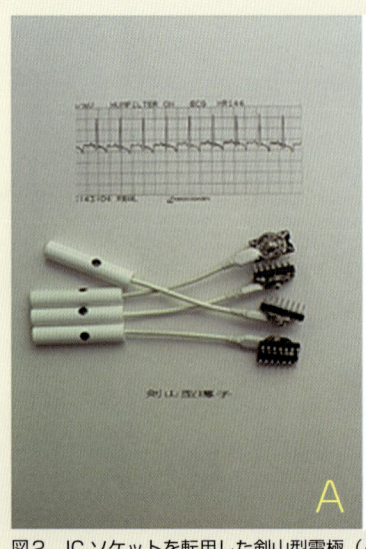

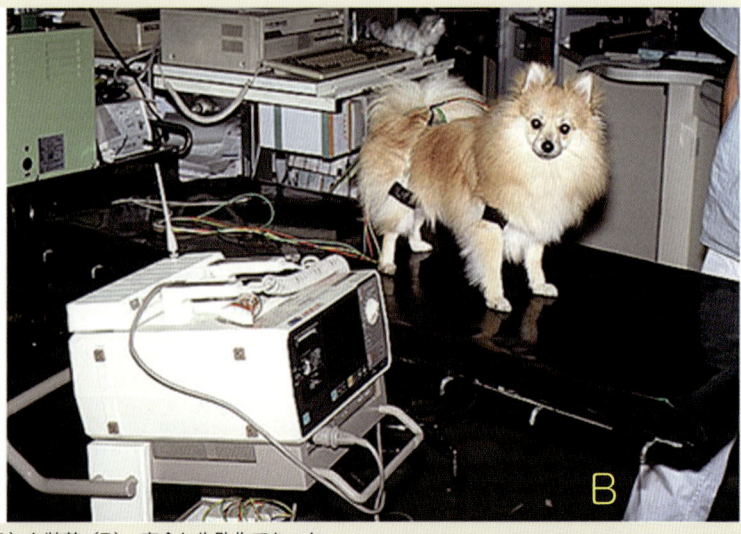

図2　ICソケットを転用した剣山型電極（A）を装着（B）。完全な失敗作であった

おわりに

動物の体内情報を数値化するためのインテリジェント機器の発達にはめざましいものがある。とくに心電計は、今では、ほとんどの機種に診断機能が付加され、病名や投薬の内容まで表示する時代になった。しかし、心電計の電極だけは、従来から、針型、鰐口型だけが現場で使用され続けてきている。それは丁度、車のハイブリット車とワイパーの関係に例えられる。車も今では、人間が作り得る最高の頭脳とメカニズムを持った機械だと言われるが、ことワイパーだけは依然としてT型フォードの時代のままなのである。

考えてみると、動物の皮膚は毛の有る無しにかかわらず、その環境は大変複雑で多様だ。それならば電極のほうにも、それに対応した多様な測定方法があってもいいのではないか。そんな考えから、動物のストレスを少しでも減らし、現場で使いやすい小動物専用の心電計電極を工夫してみた。それが今回ご紹介した電極である（図4）。

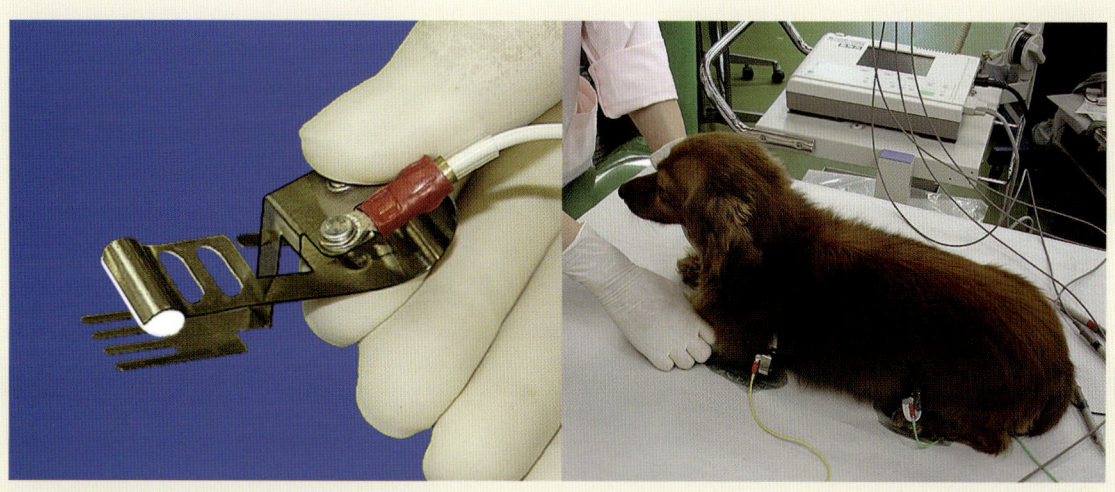

図3　無痛性の動物用心電計電極　最終試作品と装着状況

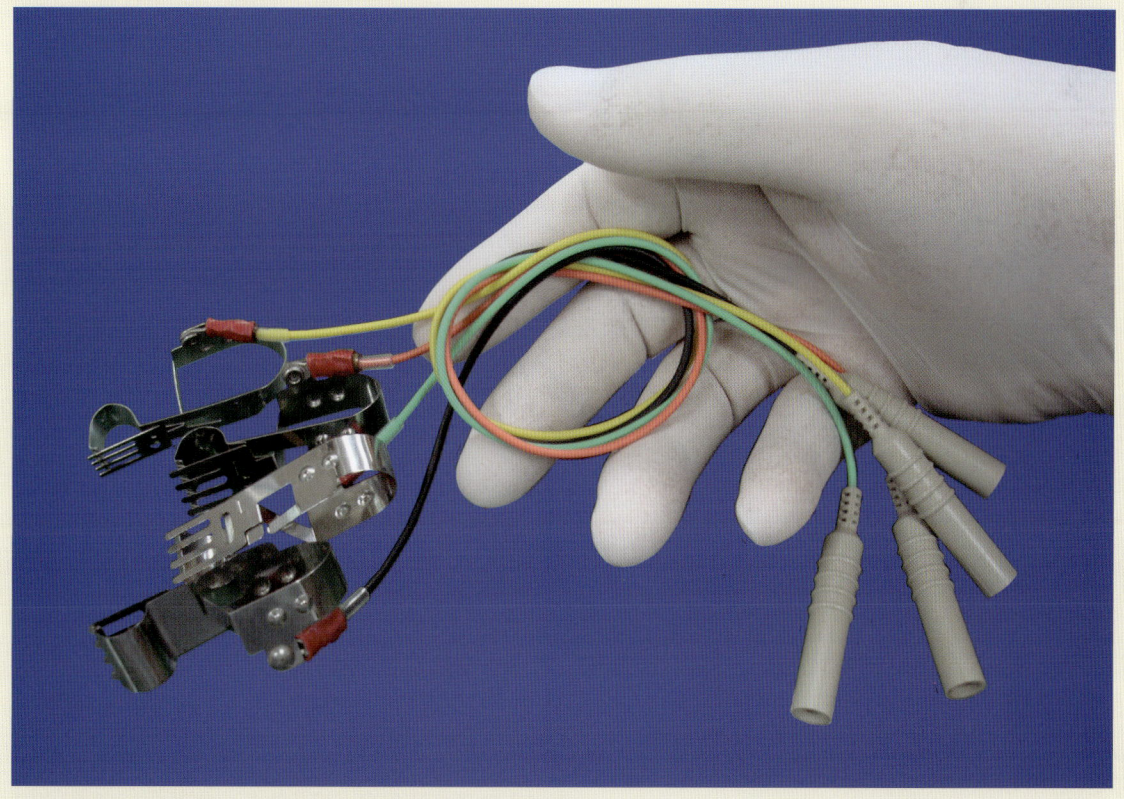

図4　完成し、日本光電から市販された小動物用無痛性心電計電極

⑦ 川又式 犬の子宮内授精法

－犬の子宮内授精　新たなる試み－

はじめに

かつて、イタリアの生物学者 Lazzaro Spallanzani が、1780 年にすべての哺乳動物の嚆矢として犬の人工授精を行ってから 230 年、犬は、彼ら固有の特殊な生殖器の構造によってその後の技術的な進歩を阻み続け、現在でも、一般的には、腟の頭端に精液を盛り上げるといった受胎率の不安定な同じ手法が踏襲されて来ている。

21 世紀に入った今日、犬は、国内に 1,200 万頭を超えて飼育され、介助犬や麻薬犬、さらに、人々の心を癒す伴侶として社会生活の隅々にまで組み込まれ、なくてはならぬ存在になっている。一方で、犬の膨大な遺伝子群は、いわば、秩序なく社会の中に放たれており、今こそ、人々は、望むべく方向により正しくコントロールされ続ける手立てを、われわれ獣医療に強く期待している現状でもある。

しかし、現在の小動物獣医療の環境では、この人工授精を含めた生殖獣医療について、十分な議論がしつくされてきたとは考えにくい。その要因のひとつは、受胎率が高く、理論的に納得でき、しかも、体格や体重に関係なく、すべての犬種に実施可能な人工授精の基礎技術が、われわれ獣医療においては、未だ確立されていないためだとの指摘もある。

本テーマである、犬の子宮内に直接精液を注入する、経腟子宮内授精であるが、これは、まさに、生殖獣医療の基本となるべき技術であり、来たるべき凍結精液の時代には、なくてはならぬ技術になるに違いない。

本稿では、突然、人工授精を依頼に来院する飼い主に対し、われわれ臨床獣医師は、どう技術的に対処すべきかを、できるだけ肉声で、しかも、エピソードを交えながら解説を試みた。

子宮内授精を実施する前に知っておくべきこと

1 われわれは、Researcher（研究者）ではなく、Clinician（臨床家）である

一口に犬の人工授精と言っても、われわれ獣医療を取り巻く環境には、まだ、解決しなければならぬ壁も多い。例えば、遺伝病や犬ブルセラ症などの感染症の問題、安全、確実な凍結精液の入手が困難な問題、犬の最大の登録組織であるＪＫＣが、新鮮精液による人工授精は、獣医師か否かにかかわらず認めている反面、凍結精液に関しては認めてはいない問題（外国から輸入した凍結、低温精液に関しては獣医師のみ認めている）、そして、最大の壁は、学問的に納得できる人工授精の技術的なスタンダードが皆無なことである。

先日、遺伝病に詳しい名古屋動物整形外科病院の陰山敏昭院長に直接尋ねたところ、犬の場合は、現在までに 400 以上、猫では 200 以上の遺伝病が知られ、その数は日々増え続けているとのことであった。では、そのすべてを明らかにし、クリアにしなければ人工授精を行ってはならないかと言えば、そうではない。

われわれ臨床家は、その時点で知り得る最大の学問的知識を学ぶ努力を怠らず、遺伝病や感染症に配慮したうえで、日々、助けを求めて病院を訪れる多くの飼い主のニーズに応えることに、なんら問題はなく、むしろそれは、われわれ獣医師の責務であると考えている。

2 犬の生殖器の特殊性に対する技術的な対処

子宮内人工授精を考える獣医師の前に立ちはだかる問題は、犬の生殖器の特殊な構造である。外子宮口が牛や馬のように、腟の方向を向いていないのである（図１）。まさに、犬の、この特殊な構造こそが獣医療技術の発達した今日でも、その手法の進歩を阻み続けてきた最大の要因である。しかし、犬は、それほど不合理な動物ではなく、自然交尾では、射精の瞬間に子宮頸腟部が 90 度反転し精液を飲み込む驚くべき機構を備えており、われわれは、その姿を稀にしか確認できないだけである。

したがって、子宮内人工授精法では、子宮頸腟部の中心にて下を向いた外子宮口の中に、カテーテルを確実に挿入する技術が要求され、その技術の構築にあたっては、既存の概念を捨て去り、新たなコンセプトに基づき、ゼロからの出発が必要であった。

3 本稿で紹介する子宮内授精の概要

1）すべてのタイプの犬に、実施可能な子宮内授精法の構築

子宮内授精法を工夫するうえで目指したのは「あらゆ

るタイプの犬に、100％可能な技術の構築」であった。もちろん、人工授精の成功と受胎率は別の問題で、受胎率が100％という意味ではない。その手法の大きな特徴は2つある。それがフレキシブルな内視鏡、すなわちビデオスコープの利用と、全身麻酔の導入であった。

まず、ビデオスコープであるが、これについては言わずもがな、目で確認をしながら、外子宮口から精液を子宮内に注入するために、ぜひとも必要な機材である。ちなみに、欧米では、膀胱鏡などの硬性鏡を利用し麻酔を施さずに立位で行う子宮内授精が一部で報告されているが、筆者の経験では、硬性鏡より軟性鏡のほうが格段に使い勝手が良い。なによりも日本は、この種の医療機器では世界のシェアの80％を誇っており、そんな良い環境を得ながらこれを利用しない手はない。

もう1つの特徴は、すべての症例に全身麻酔を導入したことである。犬の体重は1～70kgを超えるものまでおり、太っていたり痩せている犬、神経質で飼い主以外には触らせぬ犬、そして、運動機能にハンディを抱えた犬もいる。われわれ獣医師が、社会に技術を提供していく場合、理想的には、少し乱暴な言い方をすれば「どんな犬にも可能です」の一言がぜひ欲しい。全身麻酔の導入には、たいへん長い葛藤と大きな決断が必要であったが、考えてみると、われわれ臨床獣医師の技術レベルでは、全身麻酔はすでに大きな問題ではない。誰もが疑問なく不妊手術を行うのと同じように、受胎率の高い人工授精は麻酔下で行うものとして啓蒙すれば、社会の認識を必ず得られると確信している。

一度麻酔を決断し、一歩踏み出すと多くの問題が解決した。結果として、「どんな犬にでも可能です」の一言を自信を持って言うことができるようになった。「もう少し、大きければね～！」、「もう少し、痩せていればね～！」、「もう少し、おとなしければね～！」では、レベルの高い診療技術の提供には成り得ない。

高価な機器を扱い、正式な消毒下で、落ち着いた環境のもとで人工授精を実施するには、やはり全身麻酔は必要なのである。

2）内視鏡を利用した子宮内授精の基本技術構築のための必須条件

内視鏡を利用し、腟を通じて目で確認をしながら、外子宮口の中にカテーテルを挿入し、子宮体や子宮角の中に望む量の精液を注入する技術の構築には、次のような3つの条件を欠かすことはできない。

すなわち、

①超小型犬まで、すべてのタイプの発情雌犬に利用可能な内視鏡は、挿入部の外径はφ5mm以下、有効長は300mm以上、鉗子チャンネル径はφ2mm、それに、送気、送水、吸引装置が付いていること。

②内視鏡の鉗子チャンネルから送出し、外子宮口内へ挿入可能なカテーテルが必要。

③術中に、尿や感染汚物の腟内や膀胱内への侵入を完全に防ぐため、前庭と腟を隔離する装置が必要。

①の内視鏡については、犬の腟の頭端は後頸管ヒダで狭められ、太さが制約されるために、小型犬にまで適用可能なスコープの太さの外径はφ5mm以下が必要となる。ただし、それ以上の径のビデオスコープ、例えば、オリンパス製の外径6mm、有効長900mmのVQ6092Aと、外径5.5mm、有効長1,100mmのVQ5112B（図2-A）では、チワワ、ヨークシャー・テリア、パピヨンの一部での取りこぼしを考慮すれば、十分転用が可能である。あとは技術力でカバーすれば問題は解決できる。ビーグルや盲導犬のラブラドールなどは、この両機種でも簡単に子宮内授精が可能である（図2-B）。

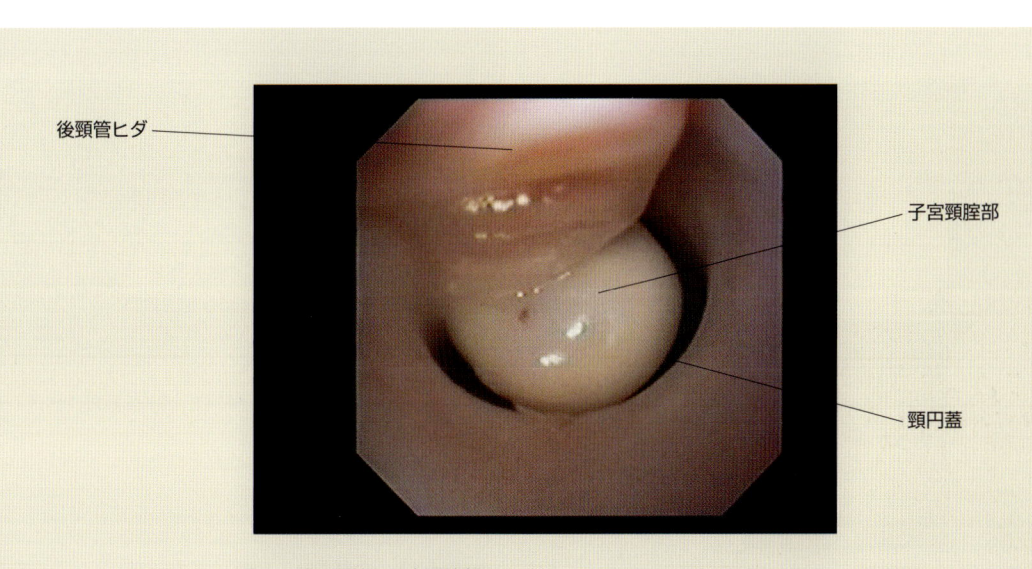

図1　腟の頭端と子宮頸腟部
（外子宮口は、子宮頸腟部の深部にて下を向いて開口している）

❼

　ちなみに、筆者は「どんな犬種にも可能です」の一言だけのために、ヒト用の耳鼻咽喉科で使用しているオリンパス製のENFVTというφ4.8mm、有効長365mmの機種を採用した。本稿では、この機種を使用した子宮内授精を紹介したい。

　もうひとつの課題は、犬の人工授精をターゲットに製作された既存の内視鏡は存在しないため、どうしても、技術に合わせた工夫が必要になる。①で述べた送気、送水、吸引装置もその1つである。一応、上記の機種は上部消化管用であることから、送気、送水装置が付いており、外付けの吸引装置の併設も可能である。しかし、子宮内授精を行う場合は、スコープの先端で送気、送水、吸引を瞬時にコントロールする必要があり、お仕着せの装置ではパワー不足になる。さらに、吸引装置にしても、例えば、外径5.5mmのVQ5112Bの場合などは、液体はスコープを通り光源まで進み、外付けの吸引器までの合計3.5mの距離を通過しなければならず、これでは作業にならない。結果として、送気、送水、吸引装置を自作しスコープに併設、連結して使用した（図3）。設計のための概念図を載せておくので、ぜひ、トライして頂きたい（図4）。高校生ほどの電気の知識と筆者と同じ情熱があれば、必ず完成し、感動すること請け合いである。ただし、製造責任は自分で負うべきものであることも忘れぬよう。

　②についても、犬の子宮内授精用のカテーテルなどは、この業界には存在しない。止むなく4 Fr.（φ1.32mm）のポリエチレンチューブを加工し、先端を45度に湾曲させた特殊なカテーテルを自作し、φ2mmの鉗子チャ

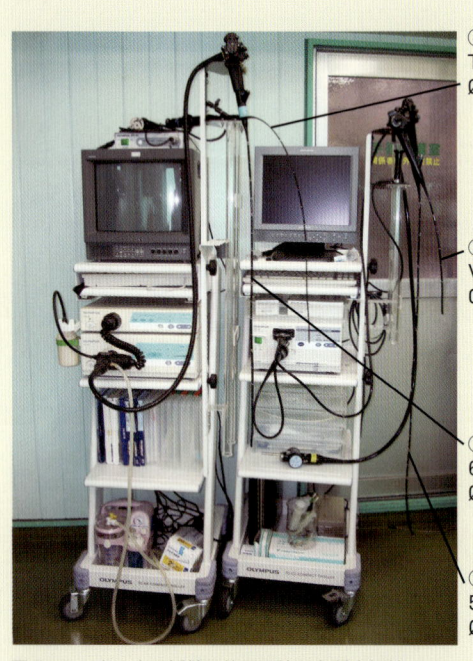

図2-A　犬の人工授精に使用可能な各種内視鏡

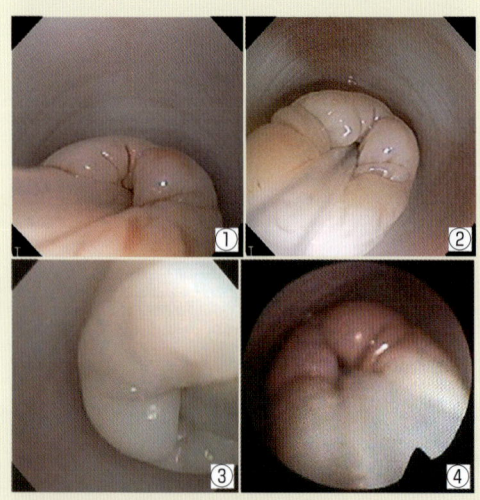

④Olympus URF-TYPEP-3 挿入部 Ø3mmファイバー
③Olympus ENF-VT 挿入部 Ø4.8mm CCD
①Olympus VA-6092-A挿入部 Ø6mm CCD
②Olympus VQ-5112-B 挿入部 Ø5.5mm CCD

図2-B　同一症例のスコープによる画像の比較

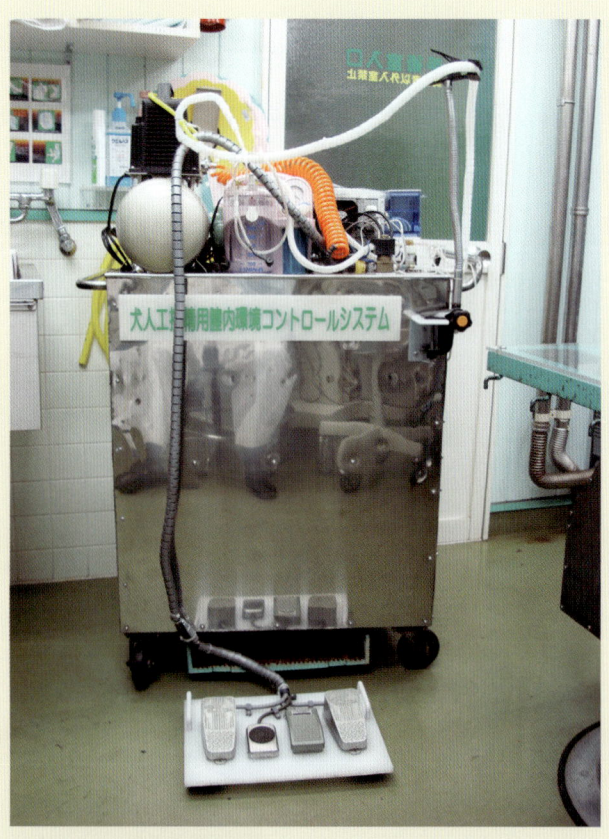

図3　犬の人工授精用腟内環境コントロールシステム（自作）
　　　（2種類のエアーポンプと吸引、送水装置をフットスイッチでコントロールする）

ンネルから押し送り使用している（図5-A）。

もっとも苦心したのは、③の前庭と腟を完全に遮断する装置の考案と工夫であった。別な手術の最中に、突然、頭の中に閃いたのが「カフ付きの気管内チューブの応用」であった。筆者は、これに到達するまでに、実に5年もかかったことになる。さまざまな太さ、長さのサイズが揃い、カフの中にエアーを入れると、まるで、亀頭球をみているようである（図5-B）。

3）現在の環境では、どのような犬が対象になるのか？

筆者は、人工授精を行うにあたり、1つだけ条件をつけている。それは「なんらかの理由で、自然交配が上手くいかない場合に限る」ということである。したがって、どこかのブリーダーから電話の予約が入り、「先生、○月○日、○○県から雌犬が来るので、人工授精をお願いします」といった依頼は受け付けていない。しかし、そのブリーダーが、「自然交配を何度も試みたが失敗し

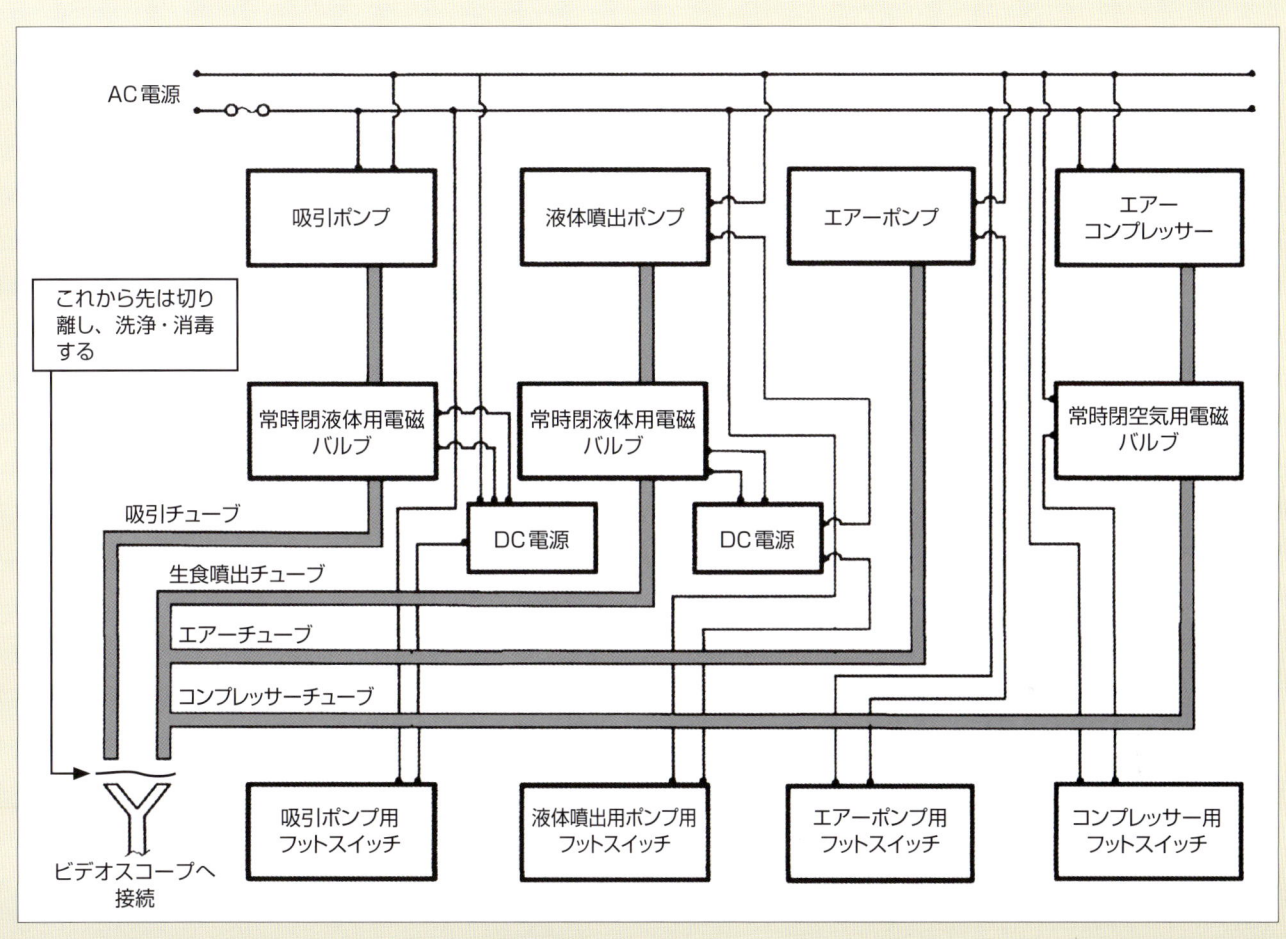

図4　犬の人工授精用腟内環境コントロールシステム・設計概念図

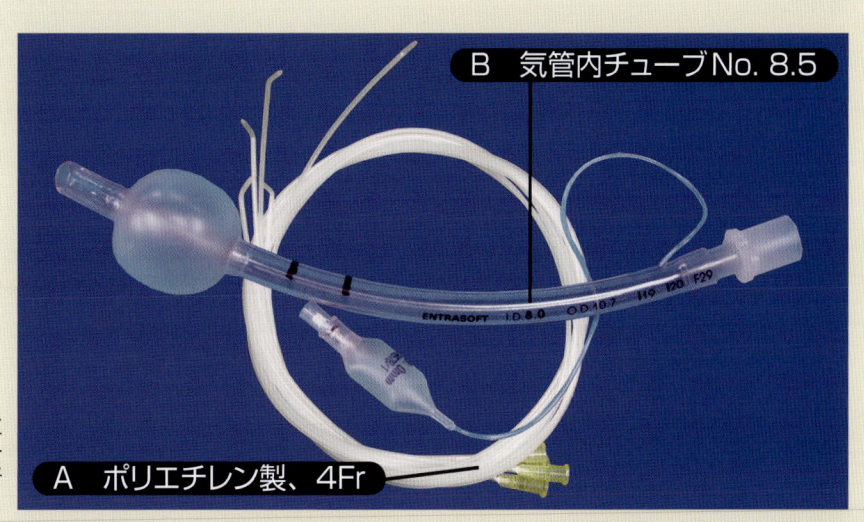

図5　犬の子宮内授精用カテーテルと人工の亀頭球気管内チューブ：カテーテルは先端が45度に湾曲し、外子宮口から入りやすくなっている

たので、人工授精をよろしく」という場合には、「ＯＫ、やってみましょう」となる。なぜならば、せっかく自然交配が可能なカップルに対し、それを止めさせてまで人工授精を行い、技術料を頂戴するなどの野暮（？）なことは道理に反すると考えるからである。これを、今後も不文律として守るつもりである。

現在までの実績はブリーダーが約30％、その他70％はカップルで犬を飼っている地域の一般家庭の人々である。また、そのすべては新鮮精液での人工授精である。来たるべき凍結精液の時代にでもなれば、発情した雌犬の交配適期を判定し、凍結精液を子宮内に注入するようなこととなるであろうが、現在のところ、ＪＫＣが認めた輸入凍結精液を使用しての人工授精の事例は、筆者の動物病院では、まだ残念ながら1例もない。

［ 子宮内授精の実施 ］

1 飼い主と犬のカップルが来院

飼い主と人工授精を施す犬のカップルが来院した。通常は、約束の時間を診療時間の終了時にすると良い。以降、順を追って説明をするが、開業医が人工授精を行うにあたり、ぜひ取り入れて欲しい手順も含めている。

まず、同意書の取り交わし、写真撮影、発情雌犬の診察、スメアや粘液の採取、染色、評価、種雄の診察、精液採取、精液の評価と、ここまでの時間で30分を超えないことである。この限界を超えると、飼い主の家族である子供達がじっとしていられなくなり、お母さんの目に緊張が走り始めるからである。

さらに、精液の採取、評価の場面で、また驚くべき展開になる。それは、大半の種雄は、ほとんど精液を使い果たし、精嚢の中には精液が何もないことが多い。

そのため、第2フラクションの精液だけを使おうとしても、トイ・グループともなると、せいぜい0.4ccが精一杯、なかには0.2ccや、まったく採れないケースなども稀にある。

したがって、せいぜい10〜20μLの範囲ですべての精液評価を行う難しさがある。本稿で紹介している症例は、事前に連絡が取れていたので、第2フラクションで0.6ccの精液が採取できた。これでも満足である。

2 実際モデルとした症例

本症例は、偶然、病院の近くに在住の飼い主で、子宮内授精についてもよく理解を示し、さまざまなデータ採取の了承を得ることができた。しかし、典型的な例では、突然、雌の発情期間の終りかけに電話が入り、交配が成立しないという理由で人工授精を依頼される場合が多い。

その点、本症例の場合は、主訴によると、まず雄を飼い始め、子を産ませようと考え雌を入れたが、発情のたびに、雄が交尾の適期以前にマウントし雌に攻撃され失敗し、逆に適期が来ても恐怖で交尾を拒否するようになったという曰くつきのカップルである（図6）。

来院したのは偶然にも、雌の出血を確認した初日であったことから、自然交配が成立しないならば、との条件付きで人工授精の依頼を受け、了解を得たうえで、ただちにデータの収集を開始した。

3 モデルとして採用した症例のデータ

雌；ロングコート・チワワ、4歳齢、体重3.5kg、未経産
雄；ロングコート・チワワ、6歳齢、体重2.5kg

4 確認書、誓約書の取り交わし

まず、初めに必要なことは、後の、さまざまなトラブルシューターになるような証拠を保存する。筆者の病院では、簡単な誓約書を取り交わし（図7）、デジタルカメラで、雄と雌の写真と、可能であれば飼い主も一緒に入ったものを撮っている。難しい膨大な文書は、むしろ、飼い主の緊張を呼び、不審に繋がることも経験済みである。

実際にトラブルが発生した場合は、このような次元の低い同意書などは、なんの役にも立たないのは承知のうえだが、これで結構抑止になっているのか、今のところは一度もトラブルに巻き込まれた経験はない。

5 発情周期の中でのステージの判定

1）ホルモン測定は新鮮精液に限り、現場ではなんの役にも立たない

今回のように、出血した初日から観察できるのはむしろ稀で、通常は、突然来院し、一発勝負で人工授精を依頼されるために、現状が発情周期のどのステージにあるかを捉えるだけで十分である。筆者のような開業獣医師は研究費や実験犬を維持し、犬のホルモン分泌の研究や高価な機材で測定を行う余裕などはまったくない。それは、プロの研究者の方々にお任せすれば良しとし、われわれは出てきた成果を日常の診療の中で活用させて頂く立場にある。

成書では、犬の交配の適期を決めるには、次の2つの方法があるとしている。

1つは、LHホルモンを毎日測定し、LHのピーク、すなわちLHサージを捉え、その2日後を排卵日と決める。もう1つは、黄体ホルモンのプロジェステロンがLHサージに合わせ、急に上昇を始める初日に、つまりプロジェステロンの値が2.5ng/mLになった日を排卵日とするが良いと書かれている。

しかし、これらの記述はなんとも空々しい。なぜなら

ば、現在の人工授精を行う診療環境では、LHサージを捉えることや、プロジェステロンの測定も、大学の研究室ででもなければ、臨床家には不可能に近いからである（米国では、定性の測定キットが売られている）。

ここで、あるエピソードをご紹介したい。日本獣医生命科学大学獣医臨床繁殖学の筒井敏彦教授が、筆者の動物病院にわざわざ訪ねていらしたことがあり、その折に、近くにあった紙に、サラサラと犬の発情とホルモンの関係について説明をして下さった。その内容は、実に明快でわかりやすく、今でも大切に保存しているが、それによると、「発情雌犬は出血後10日目くらいから雄を受け入れ、精子は雌の体内で5日から1週間ほども生存する。一方、雌の排卵のピークは大体12日目くらいにあるが、減数分裂前の状態で排卵された卵子は、約1週間は子宮の中で受精能を保つ。さらに、子宮内に直接、精液を入れた場合は、あと2日間は受精能が伸びる」との

図6　モデルとして採用した症例

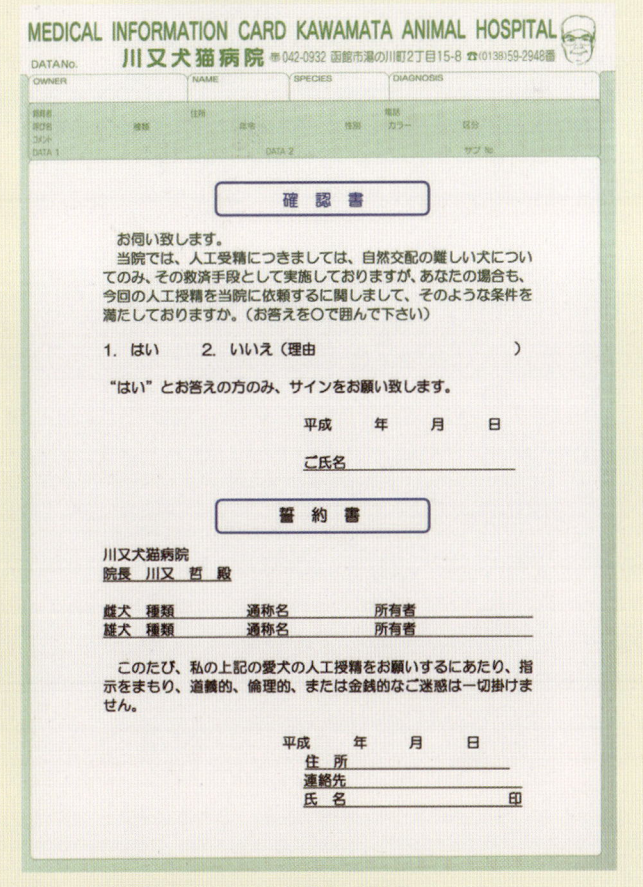

図7　人工授精依頼者のための確認書、誓約書

ことである。さて、これを押並べて考えると、犬は、出血の最初から数えて10日目くらいから18日目くらいまでの間であれば、受胎率の高い子宮内人工授精の場合、いつ人工授精を行っても、まったく問題はなく、受胎の可能性は十分あるということになる。わざわざ、ホルモンの測定をする必要はないのである。

2）症例が発情周期のどのステージにあるかの把握は学術的な意味で重要

とは言え、突然舞い込んで来た症例が、発情周期のどのステージにあるかを把握することも重要である。成書の知識とは別に、経験を列記してみる。

①スタンプスメア法

やはり、現場でもっとも頼りになるのはスタンプスメア法と呼ばれる腟スメアの観察である。習熟すると、かなり正確に発情推移の把握が可能になる。腟に綿棒を深く挿し込み、腟壁を拭ってスライドグラスの上に転がすように塗り付ける。染色はギムザが良いが、現場では、ヘマカラーなどの簡易染色でも十分判定は可能である。

しかし、実際は成書のとおりではない。とくに白血球の記述については、経験とは異なるように感じる。成書曰く、「発情期の終わり頃になると白血球がたくさん確認される」。さもありなんで、交尾によって傷つき、汚染された腟内を整理するために白血球が動員されるのはもっともなことだ。しかし、人工授精の症例では白血球が確認されない。

おそらくは、交尾を一度も経験していないので白血球が寄ってくる理由がないのかも知れない。本稿のモデル症例のスメア像と陰部の画像を載せておくので参考にされたい（図8）。いずれにしても、赤血球が一面に見えるにはまだ早いし、赤血球がなくなり、角化上皮が50％を超えたらOKと考えて差し支えない。繰り返し症例を観察し習熟すると、顕微鏡を覗いた途端、たった1秒で判定が可能になる。スメア画像は、昔も今も、現場のわれわれには有力な武器である。

②子宮頸管粘液の結晶化

産業動物の繁殖分野では、子宮頸管粘液の結晶化の研究の歴史は古く、その理論は揺るぎない。しかし、犬の繁殖における子宮頸管粘液についての記述は、成書でも見た記憶はない。

では、犬でも粘液の結晶化が発情周期の診断に利用できないであろうか。成書では、牛の頸管粘液の結晶化にグレードを付け、＋＋以上では受胎の可能性も高いとし、しかも、この＋＋や、＋＋＋の結晶は、エストロジェンとプロジェステロンの分泌で変化し、シダ状の模様が異

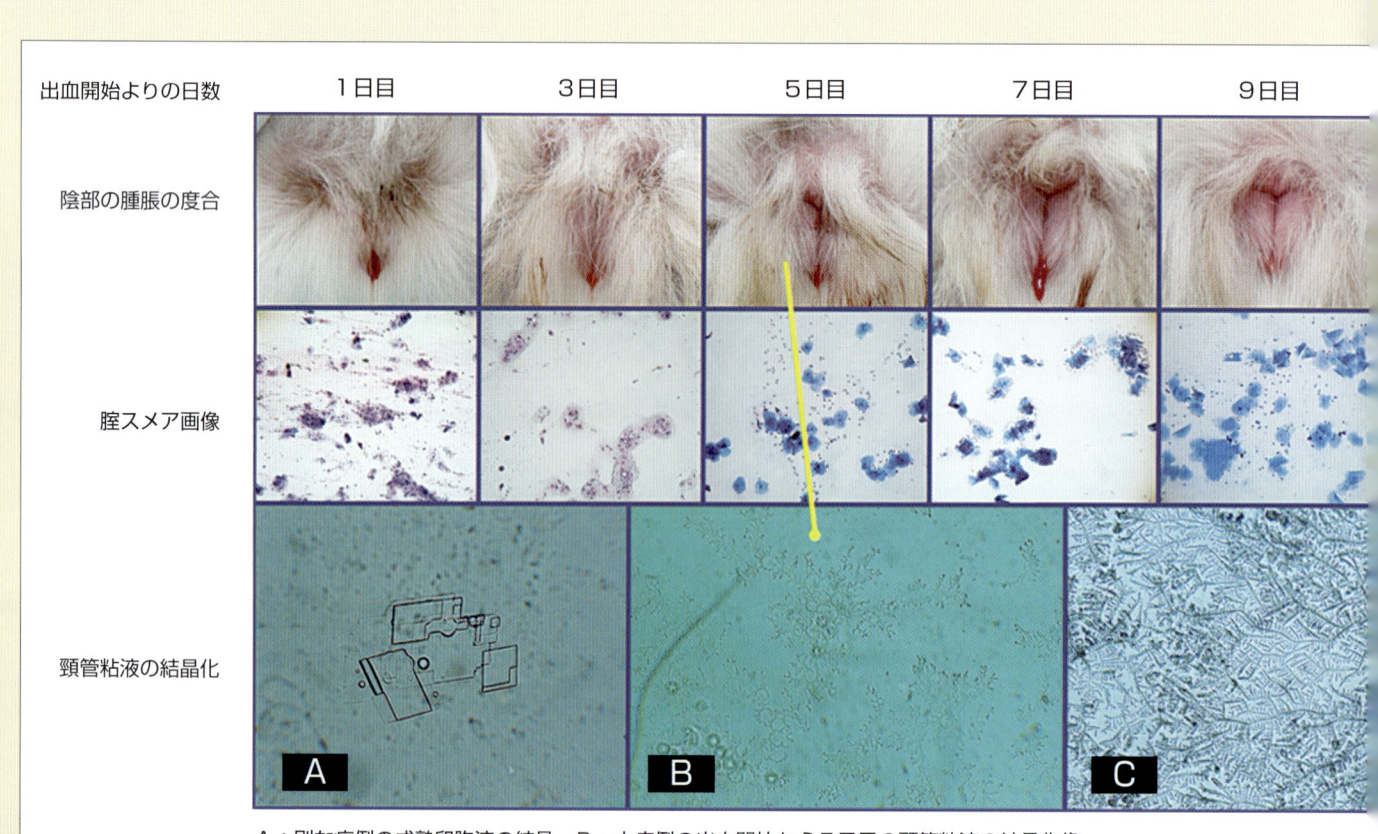

A；別な症例の成熟卵胞液の結晶　B；本症例の出血開始から5日目の頸管粘液の結晶化像

図8　本症例の陰部、腟スメア、頸管粘液の経時的変化

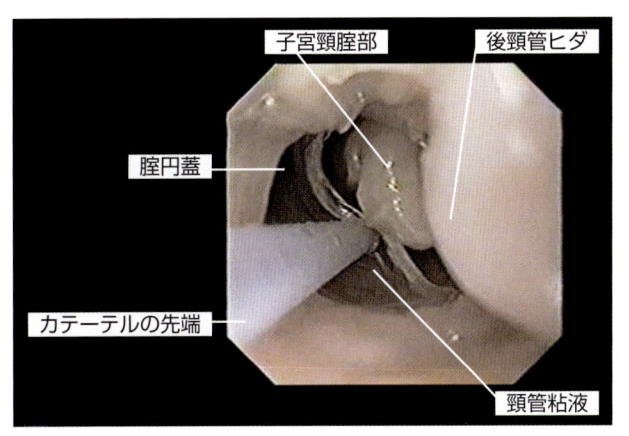

図9　別の症例での出血後12日目に現われた頸管粘液

なるというから驚きである。

筆者は、ある時、発情犬の腟を観察していて異様なものを発見した（図9）。初めは、何かの感染の結果とも考えたが、この"異様なもの"は、子宮頸管粘液であることがわかってきた。詳しく観察すると、確かに、ある日突然、このように多量に粘液を出している。では、この粘液はいったいどこから来たのかを考えた。子宮腺にしては合点が行かない。そこで、不妊手術で摘出した成熟卵胞内に溜まった液をスライドクラスに垂らし、顕微鏡で観察すると、美しい結晶が次々に現れた（図8-A）。

これは、エストロジェンそのものの結晶ではないだろうか。ある日、ＬＨサージが起こり、卵胞が次々に破裂し、突然、多量に分泌されたエストロジェンはどこに消えるのだろう。そのほとんどが卵管采から卵管を通り、さらに子宮を下りて、頸管から腟内に現れたとしたらどうだろう。

さて、もうおわかりだと思うが、頸管粘液を調べ、突然、シダ状の結晶が現れ始めたら、体内でＬＨサージが起こり、排卵が始まった確かなエビデンスにならないか。もしも、この推論が正しければ、現場の獣医師に、ホルモンを測定せずに排卵を知る新しい選択肢がまた１つ増えることになる。筆者は、この結晶が、Na^+に敏感に反応することから、粘液に1/10に薄めた生食水を等量混入し、結晶化を観察し、診断に利用している（図8-B、C、D）。筆者にはもう、報告に仕上げる時間は残ってはいないが、読者諸氏の中に、これをまとめ上げる人が現れれば助かるのだが。

③視診から得られるサイン

発情雌犬を観察すると、さまざまな情報が読み取れる。なんと言っても雌の雄に対するディスプレーと陰部の充血、腫大の観察が一番である。出血後、10日目くらいになると陰門が少し開き最大になるが、12日を過ぎる

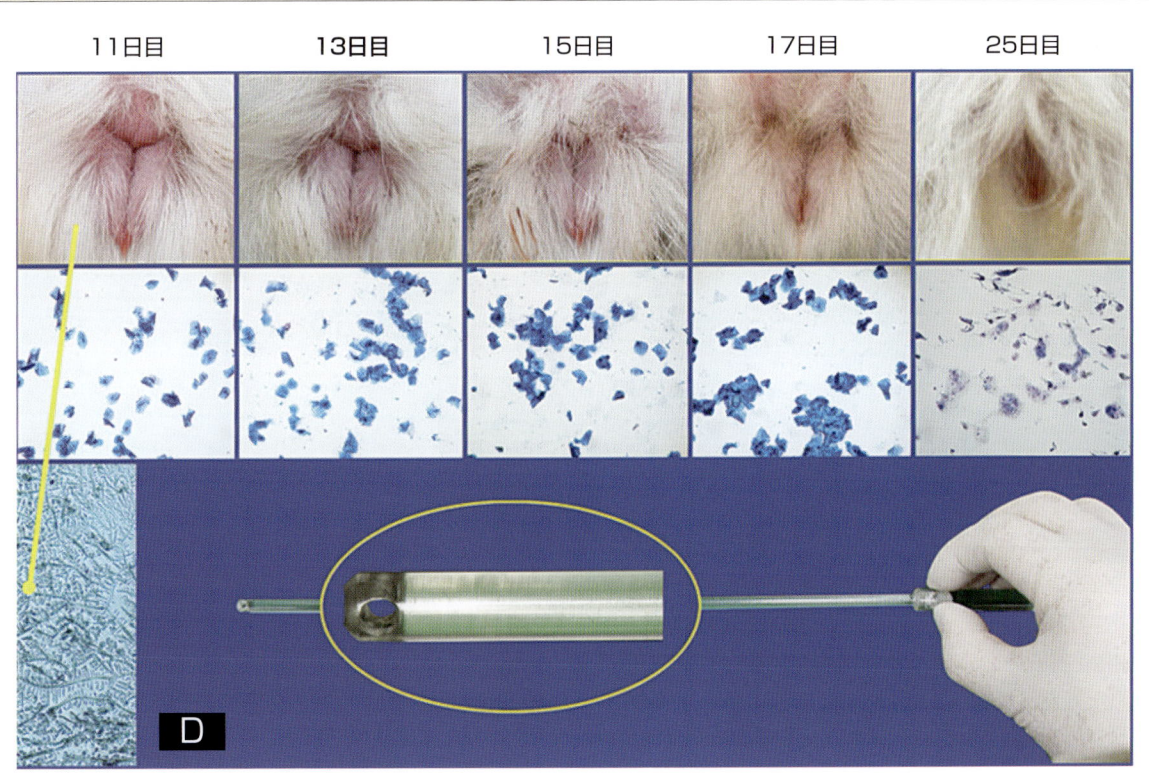

C；本症例の出血開始から11日目の頸管粘液の結晶化像　D；試作した頸管粘液採取棒と、円内はその先端部分の拡大像

と軟化し縮小してくる。また、陰門の真上を指でポンと叩くと、反射的に陰門を持ち上げ、しっぽを、叩いたほうと逆方向に曲げる。これは、発情期の終わりまで続く。超音波を利用し、卵胞を確認する方法がよく成書に載っているが現場ではあまり役に立たない。

6 精液の採取

雌を雄の前に置き、手を用い、マッサージ法で精液を採取する。実際の精液採取の方法については、成書の記述を鵜呑みにしてはいけない。現場で自分に合った方法を工夫すべきである。

1）陰茎を液体などで消毒してはいけない

成書には、まず採精の前に陰茎を必ず消毒液で消毒せよとの記述もあるが、むやみに洗浄などしてはいけない。あの汚染された陰茎が、短時間で無菌になどなるはずはない。百害あって一利なし。乾燥したガーゼで素早く陰茎を包み、とくに亀頭の先端の乾燥に努める。液体はピストン運動時に散らばり、辺りを汚染させる原因をつくるだけである。雄のムード作りにも良くない。

2）採精にはガラス製のロートは良くない

成書には、ガラス製のロートを使用せよとある。しかし、これも良くない。陰茎の外皮にロートが接触しやすく、その途端、その精液は汚染されたと考えたほうが良い。また、ロートの壁面を精液が垂れ落ちる間に200μLの精液が失われる。ビーカーなどを用意し、亀頭をどこにも接触させずに、中央に射精させるのがもっとも清潔で、第2分画液の全量が採精できる。

また、勃起し、亀頭球が膨大する前に、包皮を素早く亀頭球の後方まで移動させ、陰茎亀頭の全体を露出させることも肝要である。包皮の移動に失敗すれば、精液の採取そのものができなくなる場合もある。

7 精液の評価

ルーチンな検査として雄犬の精液を評価し、雄の繁殖能力を保障する。超小型犬では、無精子症も多く、不妊の原因が、雄の精液に起因した経験もある。客観的な精液の評価を飼い主に示すことは、信頼にもつながるうえ、獣医師の責務でもある。

1）評価項目

人工授精の現場では、犬と飼い主がいる慌しい環境下で、精液評価のためだけに長時間を割くことは、ストレスを倍加させる。せいぜい10分以内にすべての検査が終わるよう項目を準備し、習熟に心がけるべきである。
①目視での精液評価：採取量と前立腺液の混入度合、色調、血液の有無、pH（場合によっては省いても可）
②顕微鏡的な精液評価：活力、1mL当たりの精子数、使用した総精子数

2）精子の活力

精子活力を調べるには、西川式精液性状検査板を使用するのが良い。マイクロピペットで、精液10μLほど

```
＋＋＋   激烈で活発な前進運動を行うもの。
＋＋    やや活発な前進運動を行うもの。
＋     微弱な運動をするもの。
－     運動をしないもの。

＋＋＋、＋＋を精子活力とする。
```

WHOの人のマニュアルと牛の人工授精マニュアル（畜産技術協会）を参考に作成

を中央の円形のディスクの上にのせ、400倍で観察し、全視野の精子の運動を百分比で算定する。

可能であれば、顕微鏡ステージ保温板で38℃に保温し算定する。デジタル式のMicrowarm Plate（富士平工業）などは値段も手頃で使いやすい。精子の生存率や奇形率は、冷蔵精液や凍結精液の場合は重要だが、新鮮精液の場合はあまり意味がないので省く。

3）精液の濃度（1mL当たりの精子数のカウント）

精液の濃度は受胎率の予測に有用である。希釈し不動化した後、精子数のカウントを行う。

カウントのための精液希釈や精子の不動化は、実はただの水でも大丈夫である。より鮮明に精子を染色して確認するためには、専用の希釈液が必要となる。筆者は次の組成を用いている。

図10　10μL用のマイクロピペット（DRUMMOND マイクロピペット "MICROCAPS"：富士平工業）

川又式　犬の子宮内授精法－犬の子宮内授精　新たなる試み－

> 0.1％ TritonX100 液 1mL を生理食塩水 1 L に溶解。これに、ゲンチアナバイオレット原液 5cc を加える。

精液を希釈し精子数を調べるには、貴重な精液の一部を使用するため、使用する精液は少ないほうが良い。希釈にマイクロピペット（図10）を使用する場合は、精液 10μL をマイクロピペットで採り、それに、2mL の希釈液を加え、200倍の希釈精液としている。精液の採取量がさらに少ない場合は、赤血球数計算用のメランジュールを使用する。

わずか 5μL の精液があれば簡単に200倍の希釈精液ができる。精液にメランジュールの先端を接触させ、毛管現象で 0.5（約 5μL）目盛まで吸い、次に、101目盛（約 1,000μL）まで希釈液を吸い上げると200倍の希釈精液ができる。

精子数のカウントは、現在では、250万円もする自動計測機械（PA2000：エルマ社）もあるが、一般的で安上がりな方法は血球計算板を使用する。筆者のような老獣医師は、以前は血球計算板を血液検査に愛用していたので、読者の先生の机の片隅にも 1枚くらいはみつかるかも知れない。一般には、ビルケルチュルク血球計算板の流布が多いと思われるので、これの計算式を示す。

> 1mL 中の精子数＝ n（小区画400個内の精子数）×希釈倍率×10^4

例えば、200倍希釈の精液で、100個の小区画（4個の中区画）の中の精子が30個あれば、$30 \times 4 \times 200 \times 10,000 = 2.4 \times 10^8 = $ 2億4,000万/mL になる。精子のカウントは厄介だが、必ず習熟し、体で覚えること。

8　人工授精の開始

1）飼い主の待機

飼い主の手術室での立会いは、通常は行わず、待合室での待機とする。

ただ、当院では、希望により人工授精の状況をモニターにて供覧できるようにしている。

2）全身麻酔

簡単な診察を行った後、全身麻酔を施す。麻酔は、日常の診療で使用しているもっとも慣れた方法を採用するのが良い。

いずれにしても、麻酔前投薬で沈静をを行い、笑気、イソフルレンなどのガス麻酔で維持するが、できるだけ

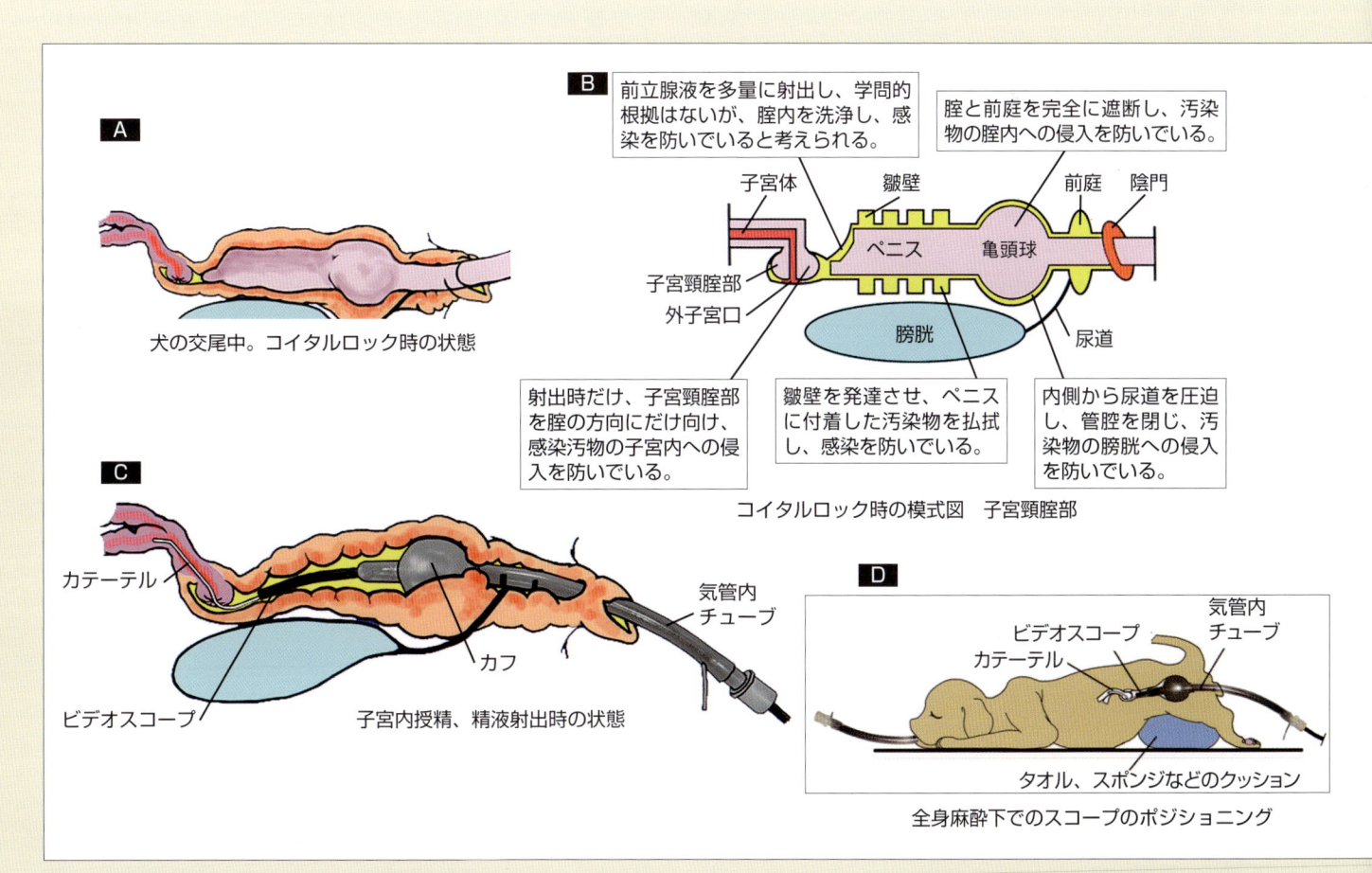

図11　犬の交尾中のコイタルロックと人工授精時の比較

A　犬の交尾中。コイタルロック時の状態

B　コイタルロック時の模式図　子宮頸腔部
- 前立腺液を多量に射出し、学問的根拠はないが、腟内を洗浄し、感染を防いでいると考えられる。
- 腟と前庭を完全に遮断し、汚染物の腟内への侵入を防いでいる。
- 射出時だけ、子宮頸腔部を腟の方向にだけ向け、感染汚物の子宮内への侵入を防いでいる。
- 皺壁を発達させ、ペニスに付着した汚染物を払拭し、感染を防いでいる。
- 内側から尿道を圧迫し、管腔を閉じ、汚染物の膀胱への侵入を防いでいる。

（子宮体、皺壁、前庭、陰門、ペニス、亀頭球、子宮頸腔部、外子宮口、膀胱、尿道）

C　子宮内授精、精液射出時の状態（カテーテル、ビデオスコープ、カフ、気管内チューブ）

D　全身麻酔下でのスコープのポジショニング（ビデオスコープ、カテーテル、気管内チューブ、タオル、スポンジなどのクッション）

短時間に作用する薬剤を使用し、人工授精の終了ほどなく意識が戻る程度で飼い主にお返しする。

筆者は、以前はケタミンも用いたが、現在は、キシラジン（アトロピンで手当が必要）かプロポフォールを使用している。ただ、小型の症例の約40％では、麻酔前投薬なく直接、ガス麻酔だけを行う場合もある。バイタルサインのモニター、静脈ルートの確保は当然実施する。幸いなことに、人工授精を依頼される症例は健康なものが多く、事故の経験はない。

3）保定と消毒

筆者は仰臥ではなく伏臥位を好む（図11-D）。下痢などにより陰部が汚染される危険性もあり理論に合わぬが、術前に直腸内の便を除き、ガーゼなどを詰め、腰部に枕を当て、陰部をヒビテンなどで消毒した後、この部分だけを露出し、あとは、全身をドレープで覆うことで問題はない。視野が上下逆転になるよりは良い。

4）腟と前庭を完全に遮断

犬が、交尾の時にコイタルロックを行う最大の理由は、前庭と腟を遮断し感染汚物の腟内への侵入や尿道を腟側から圧迫し、膀胱内への汚物の侵入を防ぐことにある（図11-B）。人工授精の場合は、これを、医療用の気管内チューブで代用すると良い。小型、中型犬ではNo.8.5、大型犬はNo.10を用意し、エアーの注入口付近まで切断し使用する。

この時、ヒトの腟内超音波プローブのラテックスカバー（Probe Cover G：不二ラテックス）をチューブの先端に被せ、一度腟の入り口付近まで挿入したら、ゴムにテンションをかけ、管内から先端を粗にした気管挿管用のスタイレットで先端を突き破ると、一瞬で被覆が外れるため、そのまま挿入を続行し、無菌的に気管内チューブを腟内まで送り込むことができる。カフの中に入れるエアーの量は、小型犬で20cc、中型犬40cc、大型犬は50ccが適当である。大型犬だからといってチューブの大きさを太くする必要はなく、要は、その中をビデオスコープが通る太さがあれば良い。エアーを入れると雌の腟後壁の筋肉により完全にロックがかかる（図12）。

5）ビデオスコープの腟内への挿入と腟内洗浄

気管内チューブで完全にロックがかかったら、次に、スコープの先端から抗生剤入りの生理食塩液を噴出させながら気管内チューブの中に挿入し、腟内を洗浄する。これは、高価なスコープの先端を保護するという二重の効用がある。

6）洗浄液の吸引と送気

洗浄が終わったら、ただちに使用した液体の全量を吸引しエアーを腟内に入れると、やがて、視野の中央に子宮頸腟部が見え、その中央に外子宮口が確認される。この時、スコープを180度回転し、画像を上下逆転させると行程を進めやすい（図13-A、A'）。

7）外子宮口からカテーテルの挿入

あらかじめ準備した人工授精用のカテーテルを鉗子チャンネルから押送し、スコープの先端から出す。このカテーテルは、先端が外子宮口の中に入りやすいように45度に湾曲させたものを自作して使用した（図5-A）。

次に目で確認をしながらカテーテルの先端を外子宮口の中に挿入するが、ＥＮＦＶＴスコープでも約40cm、VQ6092AとVQ5112Bにいたっては、それぞれ、100cmと120cmの手前から先端を操作するが、そのためには多少の習熟が必要である。常に一定量のエアーを供給し腟腔を膨らませながら行程を進め、先端が外子宮口の中に入ったら、注意深くスタイレットを抜き、カテーテルをさらに深部に進め、子宮体や子宮角の目的の場所で安定させる（図13-B、B'）。

8）精液の注入

精液は、事前に雄犬から採取し、シリンジに移し、レギュレーターで体温より少し低い37℃程度に保ち保管したものをカテーテルの端末にセットし、ゆっくりと子宮体、または子宮角に注入する（図13-C、C'）。

精液の注入が終わったら、ただちにエアーを投入し精液の逆流を防止する（図13-D、D'）。精液量が極端に少ない場合は、別に、オリンパス製の内視鏡用ディスポーサブル注射針を利用し、鉗子チャンネルを通して、子宮頸腟部のネックのところに生食水を注入し、膨らませ、精液の逆流を防止する。

しかし、筆者は、カテーテルや気管チューブなど、すべての資材をディスポーサブルとすることを自分のコンセプトとして守っているために、この注射針の代金はたいへん痛い。ただ、子宮内授精の場合は受胎率が高く、精液を子宮角に入れて100μLでも受胎した経験があるので、通常はこのような方法はとらない。

9）スコープの抜去と作業の終了

精液の注入が終了したら、ただちにスコープを腟から抜去し、次に、気管チューブのカフのエアーを抜くとチューブが腟から脱出し、すべての行程が終了する（図13-E、E'）。待機している飼い主には、念のために5日分ほどの抗生剤を渡し、ある程度、犬の意識が戻ってから返すと良い。また、簡単なスメア・粘液のデータ、精液評価の結果と、できれば人工授精時の術中のスナップ写真が載った「人工授精実施証明書」も渡す。ちなみに、本症例は、のちに3子を出産した。

おわりに

腟を通じて子宮内に精液を直接注入する、いわゆる経腟子宮内授精法は、まだ、ほんの端緒に着いたばかりである。来たるべき凍結精液の時代には、生存率と受胎率が極限まで低い凍結精液を相手に、確実に受胎を手に入れなければならない。現在、一般に実施されている新鮮精液の第2分画液に第3分画液を少しプラスして腟内に注入する人工授精の技術は、その時点ですべて破綻し、この子宮内授精法の出番がやって来る。

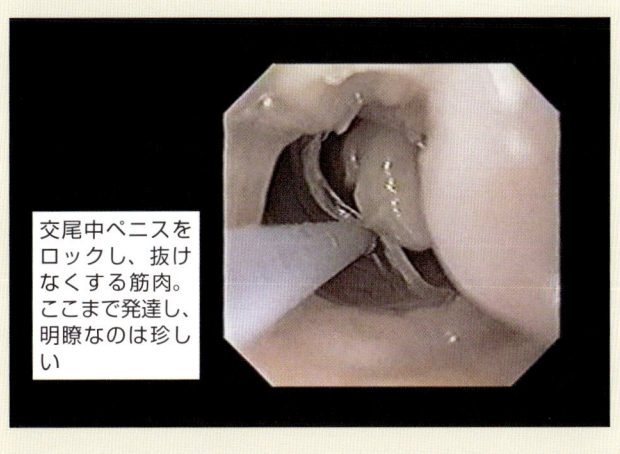

川又式　犬の子宮内授精法－犬の子宮内授精　新たなる試み－

交尾中ペニスをロックし、抜けなくする筋肉。ここまで発達し、明瞭なのは珍しい

図12　膣後壁のペニスをロックする筋肉

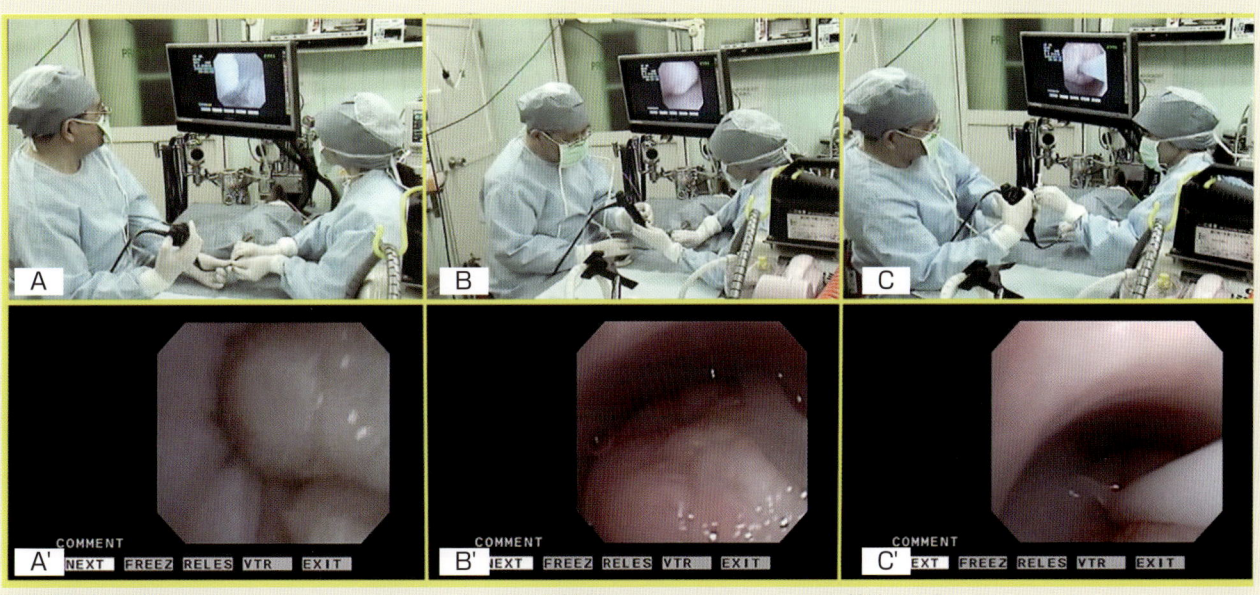

子宮頸膣部の確認　　　　　カテーテルの挿入　　　　　精液の注入

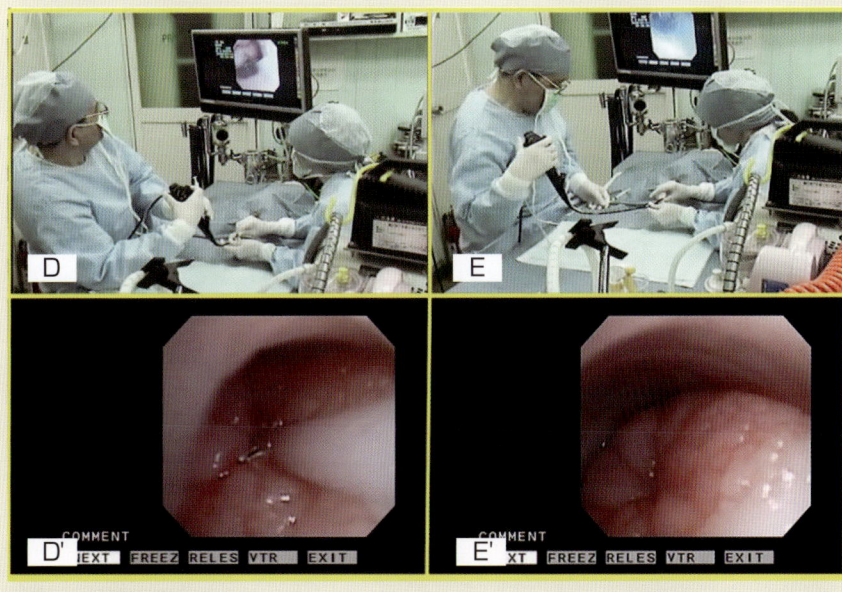

送気し、精液逆流の防止　　カテーテル、スコープの抜去

図13　人工授精時の各ステージ分割画像

今までは、一部の研究者だけが行っていた基本技術構築の研究に、今後は、多くの仲間の獣医師の知恵を集め、この技術を含めた大きな意味での生殖獣医療に新しい風を吹かせたいものである。それは、畜産のように"産めや増やせ"の技術の練磨ではなく、人間社会により役に立つ、介助犬の計画的繁殖や品種改良、野生動物の保護など、獣医師としてやらねばならぬことは限りがない。

ここに紹介した手法は、決して完成されたものでなく、まだまだ、未熟なものである。しかし、その技術レベルを高める時間は、どうやら、筆者にはもうあまり残ってはいない。本稿の、小さな一石が、願わくはこの国の生殖獣医療に小さな波となり、ご覧下さった若い先生のお心に大きな灯りが燈もることを期待したい。

稿を終えるにあたり、日本獣医生命科学大学の筒井敏彦教授と日本大学の津曲茂久教授にご指導を頂きました。この場を借りて、心から感謝を申し上げます。

参考文献：

1) Gillian S.（津曲茂久監訳）：小動物の繁殖と新生児マニュアル．学窓社, 2000.
2) 浜名克己, 中尾敏彦, 津曲茂久：獣医繁殖学第3版．文永堂出版, 2006.
3) Isabell J.：Genetics：An Introduction for Dog Breeders. Alpine Colorado, 2002.
4) Evans J. M., White K.：Book of the bitch（A Complate Guide to Understanding and Carring for Bitches）．Ringpress, 2002.
5) Lulich J.P.：Endoscopic vaginoscopy in the dog. Teriogenology, 66：588591, 2006.
6) 獣医繁殖学協議会：獣医繁殖学マニュアル．文永堂出版, 2004.
7) 加藤 浩, 星 修三, 西川義正：新家畜繁殖講座．加藤征史郎 2004. 家畜繁殖．朝倉書店, 1973.
8) Konrad B.：Techniques of artificialinsemination by fresh, chilled and frozen semen. Proceedings of the SCIVAC Congress. 2007.
9) LindeForsberg C., Forsberg M.：Fertility in dogs in relation to semen quality and the time and site of insemination. J. Reprod. Fertil；39（Suppl）：299310, 1989.
10) LindeForsberg C., Forsberg M.：Results of 527 controlled artificial inseminations in dogs. J Reprod Fertil；47（Suppl）：313323, 1993.
11) LindeForsberg C., Strom Holst B., Govette G.：Comparison of fertility data from vaginal vs intrauterine insemination of frozenthawed dog semen：A retrospective study. Theriogenology；52：1123, 1999.
12) LindeForsberg C.：Transport of radiopaque fluid into the uterus after vaginal deposition in the oestrous bitch. Acta vet scand；19：463465, 1978.
13) LindeForsberg C., Forsberg M.：Results of 527 controlled artificial inseminations in dogs. J Reprod Fertil Suppl. 47：31323, 1993.
14) LindeForsberg C.：Fertility data from 2041 controlled artificial inseminations in dogs. In：Proceeding of the 4th Int Symp Canine Feline Reprod., Oslo, 120 p.（abstr.）, 2000.
15) Peterson M. E.：The veterinary clinic of North America. Vol.14/No. 4（内分泌学に関するシンポジュウム）．学窓社, 1985.
16) 日本泌尿器科学会：精液検査標準化ガイドライン．金原出版株式会社, 東京, 2003.
17) 森 純一, 金川弘司, 浜名克己：獣医繁殖学第2版．文永堂出版, 2004.
18) 森 崇英：生殖の生命倫理学．永井書店, 2005.
19) 日本不妊学会：新しい生殖医療技術のガイドライン・

改訂第 2 版. 金原出版, 2003.
20) 日本生殖医学会：生殖医療ガイドライン. 金原出版, 2007.21) Peterson
21) 大沼秀雄, 河田敬一郎, 武石昌敬：獣医臨床繁殖学実習マニュアル. 学窓社, 2003.
22) Concannon P. W., Morton D. B., Weir B.J.：Dog and Cat Reproduction, Contraception and Artificial Insemination. Journals of Reproduction and Fertility, 1989.
23) Seager S.W.J., Platz C.C., Fletcher W. S.：Conception rates and related data using frozen dog semen. J Reprod Fertil；45：189192, 1975.
24) 鈴木善祐, 高橋迪雄, 堤 義雄ほか：新家畜繁殖学. 朝倉書店, 2002.
25) 鈴木宏志：盲導犬の生殖工学. 日本生殖内分泌学会雑誌, Vol 14, 2009.
26) Tsutsui T., Tezuka T., Shimizu T., et al.：Artificial insemination with fresh semen in Beagle bitches. Jpn J Vet Sci；50：193198, 1988.
27) Tsutsui T., Kawakami E., Murao I., et al.：Transport of spermatozoa in the reproductive tract of the bitch：Observations through uterine fistulas. Jpn J Vet Sci；51：560565, 1989.
28) 筒井敏彦：犬の輸入凍結・低温精液による人工授精. 日本獣医師会会誌, Vol 58, 293, 2008.
29) Allen W. E.：犬の臨床繁殖ハンドブック（浅野隆司、津曲茂久訳）. インターズー, 1994.
30) Wilson M.：Nonsurgical intrauterine artificial insemination in bitches using frozen semen. J Reprod Fertil, 47（Suppl）：307311, 1993.

8 X線フィルムに自由に情報を刷り込むには

はじめに

　X線撮影も時代とともに変化して、最近ではCR（computed radiography）装置の普及により、たいへん便利になった。現状では、約10病院に1軒はこの装置の導入が進んでいるらしい（某業界関係者）。と言うことは、まだ90％の動物病院では、私と同じフィルムで撮影し薬品で現像する手法を用いていることになる。この新システムの普及のネックは、やはり300〜400万円する初期投入資金の問題と保守管理のランニングコストではないかと考える。

　私が開業した当初は、今のような便利で安い自動現像機すらなく、自分で現像、定着のタンクを作り、フィルムを手で上下してそれは美しく（？）仕上げたものである。

　日常の診療のなかで、常に苦々しく思うことにX線フィルムへの文字刷り込みがある。普通は、「Xray-Film-Mark」などの鉛文字を用意して、せいぜい、ID、L、R、日付、動物の種類、年齢など、ほんの10文字程度をまるで暗号のように書き入れて我慢する。また、例えば、犬の形などの鉛の線で描かれたさまざまなパターンを手に入れ、それをカセッテや動物の傍にセットして写し込むという方法もある。しかし、まだ不満が残る。

　では、もっと自由に文字やパターンを制限なく簡単に刷り込む方法がないものだろうか。例えば、その動物の病名、病歴や臨床症状を、しかも漢字で、さらには、術野の模式図なども刷り込みたい。実は、できるのである。これも日常の診療から生まれた苦肉の策で、貧乏な開業医は、いよいよ困れば何を始めるかわからない。

　2つの方法を考えてみた。ひとつは、カセッテの中に工夫をする方法と、もうひとつは、カセッテの外、または動物の傍に情報をセットする方法である。

カセッテの中で工夫する方法

　次の文章を読んで頂きたい。「X線撮影の原理とは、X線管の陰極から放たれたX線が動物の体を通過し、その対側にセットしたフィルムをその通過量に応じて感光させ、それを現像し判読するものである」。これは、ある成書の一節をそのまま書き写したものである。一見、正しいように思えるが、間違いではないものの誤解を生じやすい文章だ。この文章では、X線そのものがフィルムを感光させるという意味になる。実際は、X線フィルムには、普通のフィルムと同じハロゲン化銀とヨウ化銀の合剤が塗ってある。これは、実は、X線にではなく、おもに可視光線にのみ反応する蛍光体である。もうおわかりだろうが、実は、X線はフィルムを感光させているわけではなく、フィルムをサンドイッチしている前後2枚の増感紙を光らせ、その光った可視光線によって、X線フィルムが感光し像を結ぶのである。その証拠に、暗い撮影室の中で、フィルムを入れずに、増感紙に直接X線を照射すれば、増感紙が瞬間的に眩い光を放ち輝くのが見て取れる。調べてみると、増感紙の能力にもよるが、X線によって直接フィルムが感光するのは、増感紙による感光の100分の1程度である。そこでピンと来たのが、「そうだ！この増感紙の光を遮断してやれば、簡単に文字の刷り込みができるのではないか」ということだ。実際、やってみると見事に実現したのである。それが、図1、2である。「獣医師の誓いー95年宣言」などをX線フィルムに刷り込んだ獣医師は今まで誰もいないと思うが、今回は、猫の頭蓋とセットで刷り込んでみると結構いける芸術作品（？）になった。また、図2は、実際の犬の頭部のX線画像の中に、Millerの「犬の解剖学」からパターンをお借りして刷り込んだものであるが、これだけできれば、どのような長い文章でもどんな複雑な画像でも、X線フィルムの中に情報を入れ込むことにはなんの問題もなくなった。

　実際の方法を説明しよう。入れ込む情報の作り方は、まず、Wordなどで目的の文章や画像を作り、それをどこにでもあるOHPフィルムに転写する。それをカセッテに入れ、その後にフィルムを入れて撮影する。これだけである。これで、カセッテの管球側で発生した光が文字のところだけ遮断され、フィルムの感光を制限するために文字が白く刷り込まれるし、さらに効果を上げたいならば、カセッテの蓋側に張り付いている増感紙の発光も同じ場所で遮断すれば（黒い紙、例えば撮影済みの黒いフィルムなどを同じ場所に置くだけ）、より美しい仕上がりとなる。

　これでもう、どんな文章でも、どんな画像でも自由自在に、X線フィルムに刷り込むことができるのである。

X線フイルムに自由に情報を刷り込むには

［カセッテの外で工夫する方法］

　カセッテの外、すなわち、動物の傍に文字やパターンをセットする方法の魅力は、撮影直前まで、自由に置き場所を変えられることにある。しかし、こちらは、事情がまったく変わってたいへん厄介ではある。なぜなら、どんなことをしようにも、動物と同じように、まともにX線の洗礼を受けるために、X線が透過しない物質で文字やパターンを書かない限り、フィルムに刷り込むことは不可能だからである。しかし、方法はないわけではない。そこで考えたのが、診療の現場で、簡単に鉛文字や鉛パターンが自由に作製できれば、なんとか目的を達成できるのではないかということである。

　それは、現場で凸版印刷を行うのにほかならない。今回は、丁度、わが病院でこの試みが完成し、それを実際に活用した最初の例が、たまたま保存されていたので、それを、例としてご紹介してみたい（図3-C）。ただ、

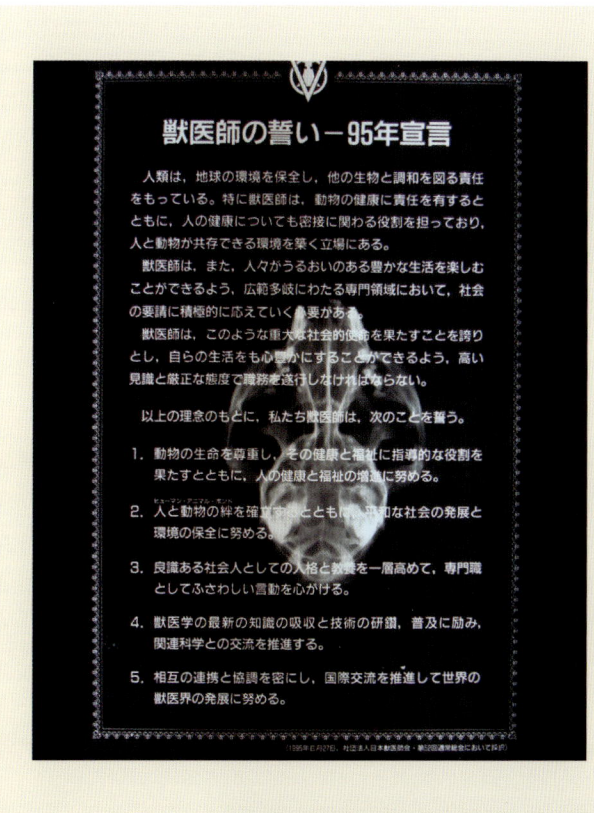

図1　「獣医師の誓い—95年宣言」の中に猫の頭蓋骨を入れ込んでみた。小さい文字も結構読むことができる

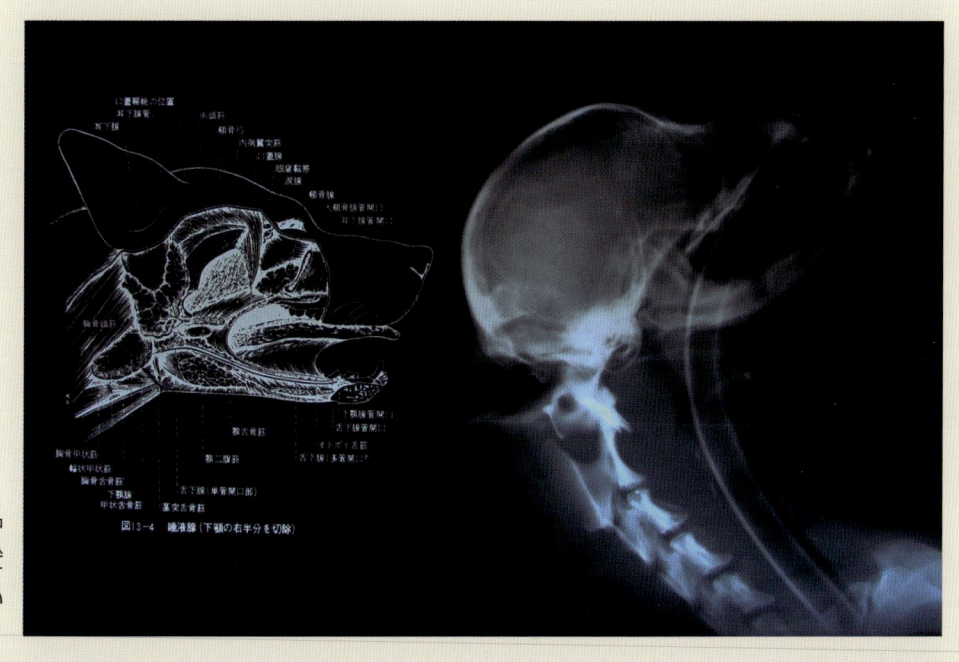

図2　チワワの頭部のX線写真の中に、犬の頭部の解剖図を刷り込んでみた。各部位の名称はさすがに虫眼鏡でないと読めないが、十分認識可能である

この例は、最初の1例目だけに、改めて今見ると、パターンの作り方も未熟で、撮影条件にも問題が多いが、千里の道の一歩目と考えてお目こぼしを頂きたい。また、ひとつだけおことわりが必要なことは、ここに紹介した犬の手術例についてである。これはあくまでも、X線フィルムへの文字刷り込み技術を紹介するためだけに、示したものである。ただし、なんの説明もないのも失礼なので、当時のカルテから情報を拾い集めた。

この症例は、交通事故で骨盤が砕け、少なくとも5カ所が折れて瀕死の重傷で入院した（図3-A）。当初は、飼い主も諦めかけていたが、輸液、強心、止血、抗生剤の投与、導尿（血尿）を実施したところ、3日目に飲水を確認できている。この時点で飼い主の気持ちは変化し、「立てなくとも、後は、家族で全力をあげて介護するので、命だけでも‥」との強い要望に変わった。それではということで、私の密かな裏技、キリュシュナー1本だけで行う「骨盤内腔拡張保存術」を実施したところ、運良く命を救えた症例である（図3-B）。この手術法については、当然、問題点もすでに想定済みで、「大学の先生は、こんな手術はやるかな。やらね〜だろうナ」の手法である。したがって、この手術の良し悪しに関する疑問のご指摘だけはお受けし兼ねることもご理解を頂きたい。ただ、この症例は、その後順調に回復し、まったく歩行にも異常なく2カ月後に抜ピンし（図3-C）、QOLに問題もなく、一生を全うしたことを申し添えておきたい。

今回紹介するX線フィルムへのパターン刷り込みの技術が丁度、この症例の抜ピン時に、たまたま完成し、フィルムの中に、必要な情報を刷り込むことができた最初の例になったものである（図3-C）。

パターン作製法については、図4を見て頂きたい。まず、Wordで文章を書き、それをOHPフィルムに転写するまでは、前述の方法と同じである（図4-A）。しかし、今度は、そのパターンをフィルムに焼きつけるための「露光ボックス」が必要になる（図4-B）。これは、なんとしても一晩かかって自作しなければならない。10Wの蛍光灯を3連にして箱の中に仕込み、その上にガラスを置いた光のテーブルを作る。その上に、まずOHPパターンを置いて、さらにその上に「トレリース」という富士フィルムの凸版印刷用のフイルムをパターンと同じ大きさに切ってのせ（図4-C、D）、上から蓋をして3分ほど露光する（図4-E）。露光が終わったら、フィルムを水洗しながらブラシで表面をこすると、露光しなかった部分だけが抜け落ち（図4-F）、図4-Gのような凹版パターンができる。こんどは、その凹の部分に、鉛の微粉末を満遍なく入れて（図4-H）、表面を糊のついたOHPフィルムで封をすると出来上がりである（図4-I）。それぞれの症例固有の情報、例えば、住所、電話番号、病歴など、以前には考えられなかった情報も入るし、例えば、「矢印」、「術後1カ月目」、「交通事故による大腿骨頸骨折」などの汎用的なパターンであれば、永久保存し、自分だけのパターンとして一生使い続けることができる宝になる。

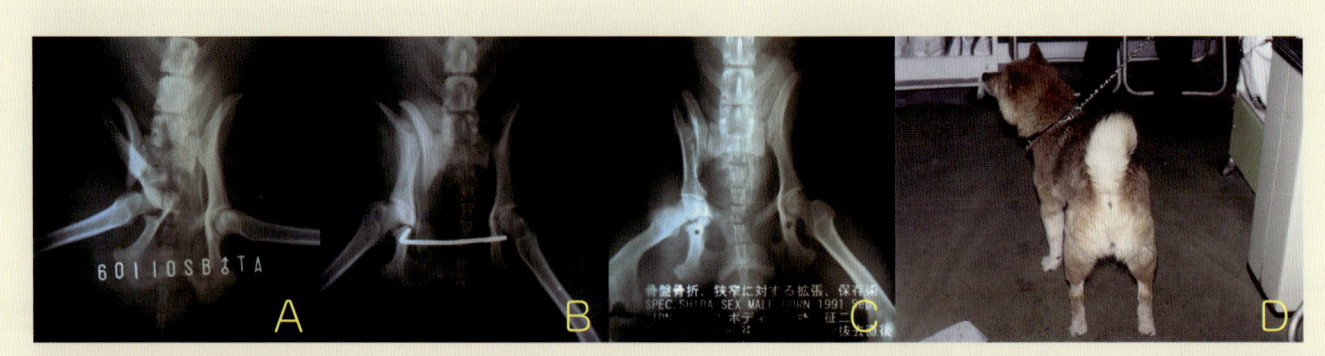

図3　凹版印刷で作った刷り込み
A：交通事故により骨盤が砕け、5カ所の骨折が確認された
B：受傷3日後、体への負担を最小限にとどめるためにキリュシュナー1本だけで行う「骨盤内腔拡張保存術」を実施した
C：2カ月後の抜ピン時。左右の寛骨臼切痕に開いた穴はキリュシュナーをカスガイ（鎹）のようにコの字に曲げて止めたもの
D：術後2カ月後の症例。両後肢ともほぼ正常に歩行している

おわりに

　日常の診療の中でのちょっとした工夫が、たいへん便利な小さな技術として、その病院の歴史とともに生き続けることがある。今ではなんの不思議もなく行っているこのX線フィルムへのパターン刷り込みもそんな技術の一つで、このお陰でずいぶんスマートになった。

　ある時、学会で無事発表が終わり、ほっとして会場を出たところ、某大学のもっとも厳しく恐ろしいと評判の偉い先生が、ものすごい形相で小走りに寄って来た。私は突然、体内のアドレナリン値が高騰し、どこに重大なミスが潜んでいたかと発表の内容が頭の中を駆け巡り、思わず心で身構えた。その途端、くだんの先生は「いやあ！川又先生、あのX線フイルムの文字には感動したよ。どうやって刷り込んだんだね」。実は、彼は私の発表の内容などにはなんの関心もなかったのである。それよりも、この文字刷り込みの方法が知りたくて、走り寄って来たというわけである。私は、「先生、お互い技術者なんですから、よもや、ただで技術をもらおうってんじゃないでしょうね。生ビールの1杯くらいは覚悟しているんでしょうね」。後で聞いた話であるが、その某先生にビールをおごらせたのは、おそらくは、私くらいしかいないのではとのことであった。

　最後に、私の病院の元勤務医、山田　豪先生の名前をここに記録し感謝をしたい。彼とは時も忘れ、口から泡を飛ばしながらの議論の末に、この小さな技術が完成したことを今でも忘れてはいない。ありがとう。

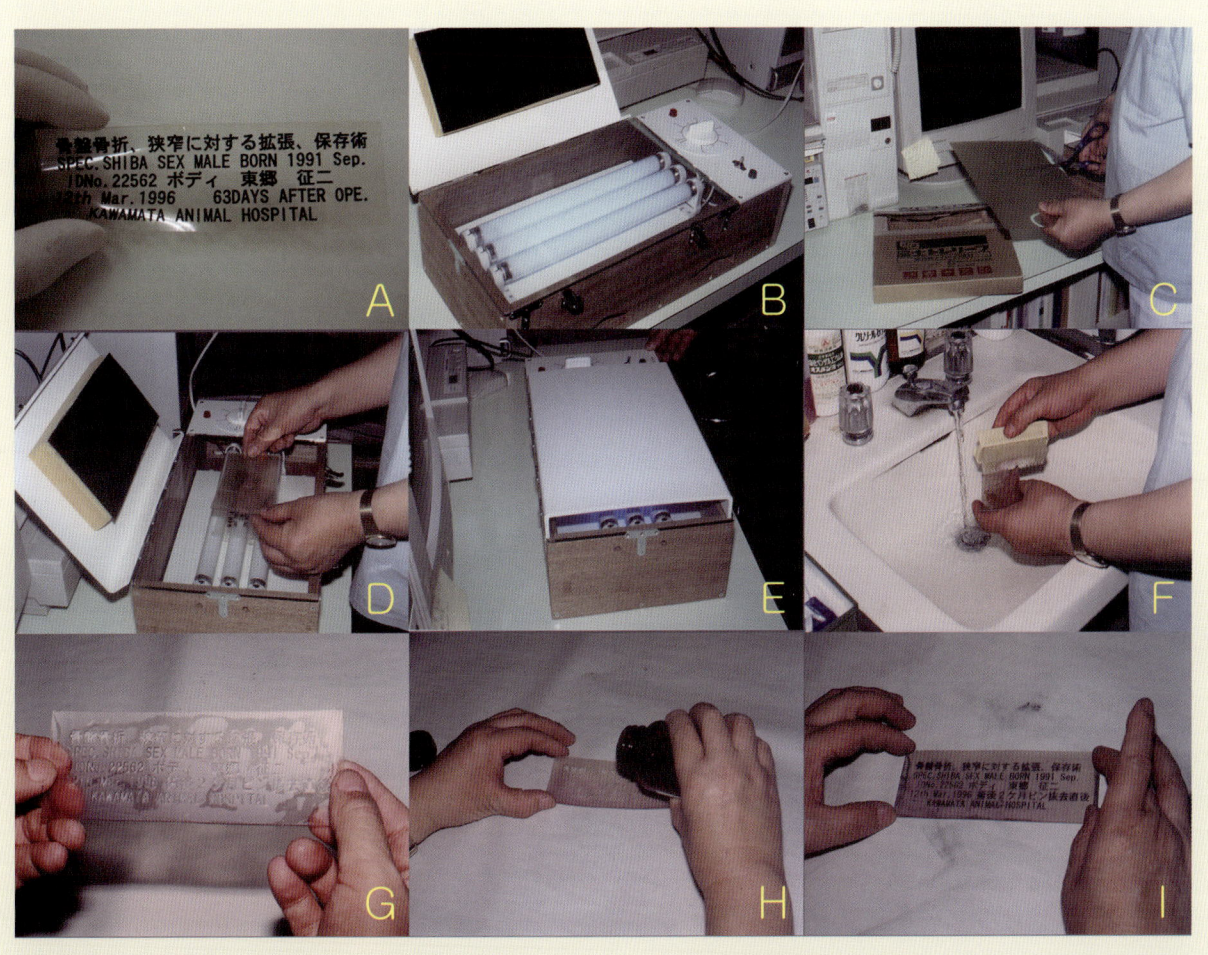

図4　凹版パターン作りの全工程
A：OHPフィルムに目的の情報を転写
B：露光箱（自作）。10Wの蛍光灯3本を箱に入れてガラスをかぶせ、5分用タイマーを付けた
C：富士フィルムのトレリースをパターンの大きさに切断
D：パターンをのせ、フィルムをその上にのせる。
E：約3分露光
F：水道水で水洗
G：水洗後、完成したパターン
H：鉛微粉末を凹版に埋め込む
I：鉛文字パターンの出来上がり

9 診療現場で大活躍、ケア・ケージの工夫

愛する奥様や看護師さんが小型の豹と大格闘、これは時代遅れである

われわれの診療現場には、働く人間に対して、常に2つの危険があると言われる。それは、動物からの感染症と咬傷事故である。感染症については、40年に及ぶ開業生活において、幸いにも、犬小胞子菌の感染が2度と、5年に一度疥癬に罹るくらいで、たいした被害に会うことはことがなかった。問題は咬傷事故である。これは、獣医師の場合は経験を積むに従い、勘所が自然に身についてあまり事故は起きないものなのだが、ときに従業員が巻き込まれるからたいへんである。もちろん、その責任はすべて獣医師にあるわけで、一瞬たりとも気を抜くことはできない。

ある時、酒席で仲間内の奥様が、猫に手と顔を咬まれ、さらに顔をひっかかれて入院をしたという話を聞いた。たいへん気の毒なことである。言うなれば、診療現場は一皮むけば危険と隣り合わせ、愛する奥様や看護師さんが毎日、小型の豹（暴れ猫）と大格闘をしている戦場と考えて差し支えない。

簡単に消毒ができる、幼弱感染動物の隔離病舎が欲しい

もう一つの問題が、ペットショップから譲渡されたばかりの子犬、子猫が感染症に罹って入院する場合である。パルボやイソスポラ、そしてFVR、FCVなどである。隔離病舎に入れるとしても、備え付けのケージでは、その後の消毒作業にとても手間がかかる。かと言って、入れてきたキャリーをそのまま入院舎にすることもままならず、通常は、小型の折りたたみケージを用意し、その中に収容するのが普通だが、これではなんとも狭っ苦しい。

よく考えてみると、実は、われわれの職場には、もっとも必要とされる、気性の激しい猫を受け入れたり、感染動物を短期入院させる際に、いたずらに動物を刺激することなく、安静に清潔に、安全に作業するためのケージは見当たらないのである。そこで、私は、それらのほとんどすべての問題を解決するような多目的のケア・ケージを考えてみた。それが図1である。

このケージの"便利"10項目

このケージの全体像は図1左側の形であるが、上と横の扉を展開すると右側のようになる。このケージは次のような特徴がある。

①扉が真上と横から開くため、多くの目的に合わせて使い分けができる。例えば、経験上、気性の荒い猫などは、横の口から手を入れて何かをしようとすれば、攻撃的になり、たちまち猫パンチをくらわすが、真上から静かに抑えたり、首の後ろを掴めば、意外に大人しく、動かなくなる個体が多いものである。

②全体が、亜鉛メッキの針金よりできており、どの角度からも、なかの動物が容易に確認でき、安全に作業を行うことができる。

③2個連結できるために、幼弱な子犬、子猫、または、短期間の入院であれば、たとえ成猫であっても、たちまち簡易入院舎に早変わりし、また、連結を外すと、そのまま輸送ケージになり、持ち運びが簡単で、作業効率を高めることができる（図2）。

④そのまま、タンク内での煮沸消毒ができ（図3）、場合によっては、熱湯をかけたり、蒸気消毒も可能である。

⑤大きさはL35×W25×H35であるため、そのまま、猫などを"ねむり箱"に入れ、触らずに全身麻酔が可能であり（図4）、ガスがあらゆる所から侵入するため、速やかに、しかも、動物の様子を常に観察しながら麻酔の導入ができる。

⑥神経質な猫などの場合は、脇の扉を開き、そこからボードを押し入れて片側に寄せて、注射などの処置が可能である（図5）。

⑦飼い主が持参したキャリーから猫が出て来ない場合に、横の扉を開け、その上に、タオルなどを被せ、キャリーの扉を連結して追い込むと簡単にケージ内に入る。

⑧床が網になっているため、尿や下痢便はその間から下に落ち、ケージ内は常に清潔に保たれるし、体毛が汚物で汚染することも少ない。

⑨見た目が清潔で、恐ろしい檻の感じがないため、飼い主の受けもたいへん良い。

⑩気性の荒い猫でもケージ内に入れておくと、ほとんどは数日内に大人しくなり、大きなケージに放すことができるようになる。

今では、院内で大活躍

大切な家族の一員であるペットを洗濯ネットに入れて注射をするのは時代遅れである。わが動物病院では、この"ケア・ケージ"のお陰で、一度も"洗濯ネット"や"タマネギ袋"を使ったことはない。

当初、あるメーカーの力を借りて、50個程製作し、そのうちの30個を当院で購入、結局、PR不足や、メーカー設定の値段のせいもあったためか、その後は、製作が立ち消えてしまって誠に残念である。

当院では、その30個が未だに健在で、朝から夜まで、この"ケア・ケージ"が大活躍である。1頭、1頭に完全煮沸消毒済みのケア・ケージを使用するため、院内感染もなく、今では、この便利なケージがない診療などまったく考えられない。

もう私には、復刻版ならぬ復刻ケージを作るつもりもないし、特許などもとっていない。このアイディアで同じものを作って頂いても一向に構わない。

手前味噌な話だが、これは開業獣医師には誠に便利な優れものである。

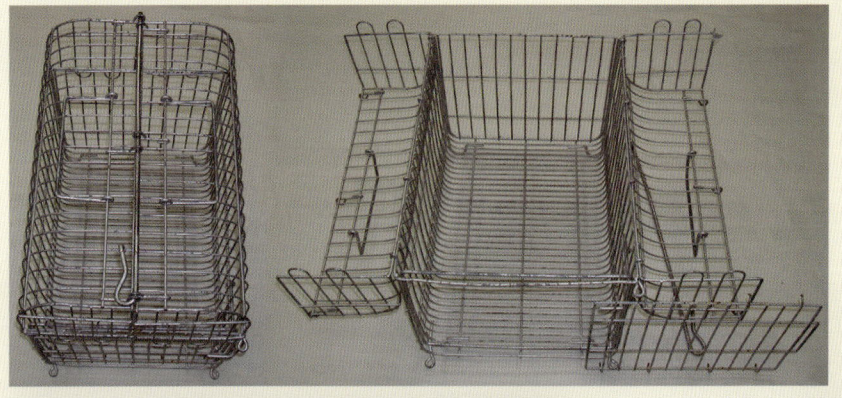

図1 多目的ケア・ケージの全体像と展開したところ。横からも真上からも開くことができ、連結させることも可能である

図3 専用のタンクで煮沸消毒をしたり、積み上げてスチームでの消毒もできる。新入りの動物には必ず消毒済みケア・ケージを使用する

図2 2連にすると、幼若犬や猫の短期入院ケージになる

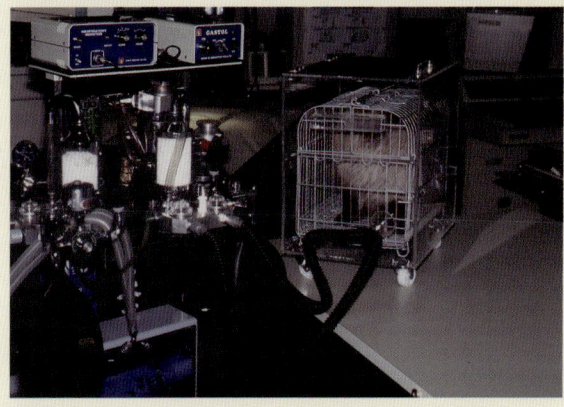

図4 ケア・ケージをそのまま'ねむり箱'に入れて麻酔をかけることができる

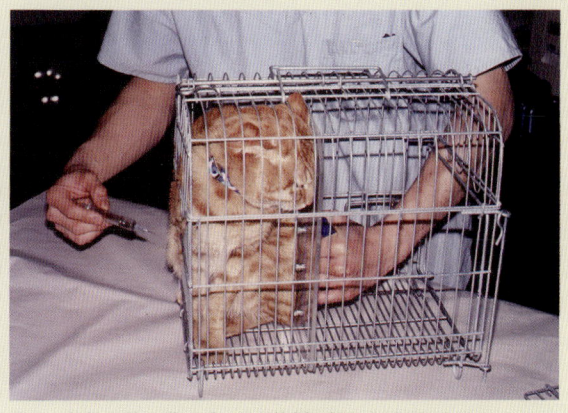

図5 気性の荒い猫はボードで片側に押しつけることで、簡単に注射などの処置ができる

⑩ 小動物診療での パソコン利用の軌跡

－コンピュータとの壮絶な戦い－

身の周りにコンピュータと呼ばれるものがまったくなかった時代

　私が開業したのは、今からちょうど40年前。当時は、身の周りにコンピュータなどと呼べる代物はまったくなかった時代である。まったくなかったと言っても、世の中になかったわけではなく、どこかの大学にコンピュータが入り、それを使って、英語を日本語に翻訳させたところ、「I love you.」を「我はなれ（汝）を愛す」と答えが出たとして、新聞を賑わしていた、そんな時代である（多分、一部は真空管、言語はFORTRANか）。

　その頃の診療は、今、思い出しても身の毛もよだつような環境にあった。看板は手作りで、人間の医者が使い古した心電計やX線機器をかき集め、ムードだけの病院をつくり、知り合いの床屋の親父さんにもらった椅子は、徹夜で改造すると小動物専用の電動診察台に変身した。また、私の病院があまりにもみすぼらしく可哀そうと、あるママさんがプレゼントして下さったバーの看板は、その店の名前を剥がすと、次の日には、りっぱなシャーカステンとなって診療室内に出現した。当時私は、人間の医療のすそ野でうごめくようなこんな環境からなんとか抜けだし、ヒトの医療のピラミットとは別の、まったく新しい動物医療のピラミットを早く創らなければと心底思ったものである。1970年、まだ、小動物診療が珍商売であった時代の話である。

ワンボードマイコン、TK-80との出会い

　その頃、私の唯一の慰めは、若い頃から続けてきたアマチュア無線のトンツーだった。電信は、The King of hobbyとも呼ばれ、煩雑な診療のなかでも24時間、いつでも始められ、止めるのも自由。費用は電気代だけで、そのほかには1円もからないことが、なによりもうれしかった。なにせ、ロウソクの灯りのエネルギーだけでアメリカの無線局とトンツーで交信をしたと自慢する輩の集まりだからである。夜な夜な、地球を遊び場として、当時は、鉄のカーテンの彼方のアゼルバイジャンなど、絶対に行くこともできなかった無線局と交信し、情報を得ては心を躍らせていたものである。

　そんななかで、1976年にNECがTK-80というワンボードマイコン（1枚の基板にCPUや入出力機能のすべてが載っている）を発売した。私は待っていたように早速手に入れ、これが、われわれ一般人にとってのパーソナル・コンピュータとの出会いであり、実は、その後に続く忌々しいパソコンとの戦いの始まりにもなった。これは、今でいうマザーボード1枚だけのパソコンとも言えるもので、ディスプレー（当時はCRTと言った）もキーボードもない。ただ、たった1キロバイトのメモリーとマシン語のテンプレートが付いていて、0C,A3,D5などの16進数を入力すると、それに繋いだモーターがうなりを上げて時間をかけて右左に回転したりした。たったこれだけで「やった！成功だ！」になる。

　これだけのことではあるが、もう、私の頭の中では、来たるべき近未来に、マイコン（当時はパソコンという言葉はなかった）の画面を見ながらキーボードでカルテを打ちこんでいる自分の姿がしっかりと目に浮かんでいた。「よし、自分だけのカルテ管理プログラムを作ってやろう」私はこの時、そう心に強く誓った。

夢のような10年間

　1978年になると、待ちに待ったMZ-80KというマイコンがSHARPから198,000円で発売された。すべてがオールインワン型になっており、モノクロのディスプレーにキーボード、しかもBASICも読み込める。Z-80Aという2MHzのCPUが搭載され、使えるRAMは15キロ程度、これではカルテプログラムは作れないが、ちょっと高いおもちゃと考えれば、コンピュータを学ぶには格好の勉強材料であった。CPUも、今では、インテル社のCore-i7シリーズあたりだとクロック周波数は3GHzもあるから、当時にくらべて、実に1,500倍も速いCPUと20万倍（3Gbyte）のメモリーを搭載したコンピュータを皆が使っていることになる。

　1981年になると、同じSHARPからMZ-80Bが発売された。価格は278,000円。今のパソコンからみるとたいへん高価で、当時はよく買えたものだと思う。これは、MZ-80Kにくらべ2倍の64キロのRAMをフル装備、おまけに、オプションで2連の5.5インチのフロッピーディスクが外付けできる。ようやく環境が整い、私は、おそらくは日本で初めての動物病院専用のカルテ管理プ

ログラムの作成に挑戦し始めた。今から30年前のことである。図1は、おそらくは、その頃の手術風景であろうが、右横には、しっかりと下に2連のフロッピーディスクを従えてMZ-80Bが鎮座し、活躍している姿が映っている。北海道で初めての自慢のCアームはともかく、長靴にマスクなしは、当時の環境を考えて、どうかお目こぼしを頂きたい。

しかし、このMZ-80Bにも大きな問題があった。それは、漢字の入力ができないのである。カタカナとローマ字だけでは、なんとも心許ない。

当時のパソコンの業界は、SHARPとNECが熾烈な戦いを展開しており、SHARPは、クリーンコンピュータと称して、スイッチを入れると、「どんな言語を使いますか」と問うてくる。つまり、言語はBASICかFORTRANかCOBOLかを尋ねてくるわけである。これは、科学の研究者にはたいへん都合がよく、BASICマシンと呼ばれ、同時期に出回っていたNECのPC-8001は中高生、SHARPのMZ-80Bは研究者用とはっきりユーザーが分かれていた。結果として、MZ-80Bが爆発的に売れたわけである。しかし、ほんの数年後、NECのPC-8001を使って育った子供達は、すべて大人の研究者になったから大変だ。まるで崖が崩れるように、一斉にユーザーはNECに傾いてしまったのである。そんな時に、1982年にNECから16ビットマシンのPC-9801が出た。その後、これが決定打となり、SHARPはパソコン市場から撤退することにもなった。

2連の5.5インチのフロッピーディスクを内蔵したPC-9801、これがまた、すごいパソコンだった。もちろん漢字は打てるし、RGBのフルカラーでどんな色も自由に出せる。私は、もう夢を手に入れたような気持ちになった。そして、せっかくMZ-80Bの中に入力した3,000人のクライアントのデータを、そっくり自作のRS-232Cインタフェースを通じて、PC-9801に載せ替えて現在に至っている。

未踏の荒野へ0からの出発

小動物診療のすべてをパソコンで管理する。その世界は、未だかつて誰もが踏み込んだことのない未踏の荒野であった。それは、言葉を換えれば、すべての開業獣医師が必ずいつかは自問する「動物病院の仕事とはなんぞや」という問いに答えを出すことでもあった。

もうひとつ、私がカルテ管理にこだわったのにはある目的があった。それは、初めて、ヒトの医療と肩を並べるテーマがみつかったことである。コンピュータそのものがなかったわけだから、ヒトの医療でも同じレベルな

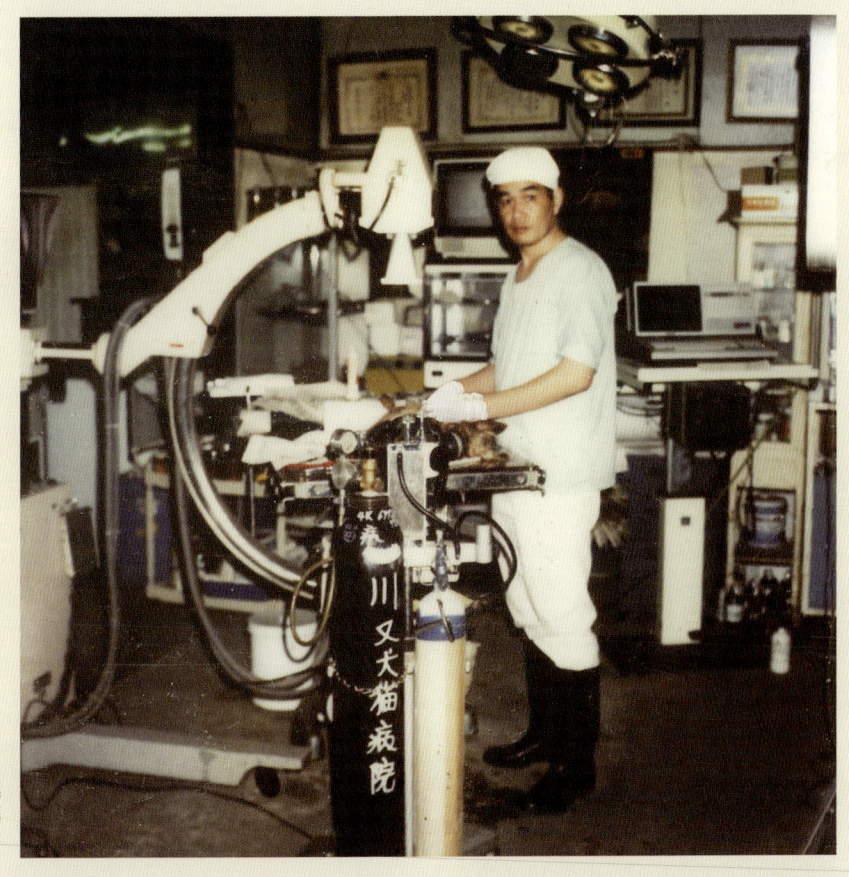

図1　今から30年前の1981年頃の手術風景。右横にはSHARP MZ-80Bと2連のフロッピーディスクが鎮座している

はずだ。それまでは、すべてのものが、ヒトの医療の真似事であったが、ようやく同じスタートラインに立って物事を考えるテーマができたことに内心誇らしく感じた。

さて、では一体何から取りかかろう。目の前には常に混沌としたやりきれない現場が続いていた。飼い主が病院を訪れる。住所や名前、連絡先などを聞き、まず、カルテに書き込み、投薬袋にも、さらに、ワクチン証明書にと、院内のあちこちで何度も同じ情報が手書きされ、その効率の悪さはなんとも腹立たしい。ゆっくり飼い主から稟告を聞く時間もないため、診断にもミスが出る。当時の病院内は、獣医師の時間の大半がそんな煩雑な現場に翻弄されていた。そして、その混乱は、パソコン管理にもっともなじめない小動物診療の環境そのものに最大の要因があることが判明した。このあたりを整理しなければ、パソコンの利用や効率化など意味がなくなる。それには、診療の作業を一度ばらばらに分解して再構築し、情報を振り分けて整理をする必要があった。

そこで、私は、その根本理念のモデルを"茶道"に求めようと考えた。千利休が、茶道の奥義と言われる「茶道玄旨」のなかで、「茶道とは、ただ湯を沸かし、茶を点てて飲むばかりなるものと知るべし」。すなわち、「茶の湯なんて、ただ、湯を沸かして茶を飲むだけのことなんだよ」と見事に歌い上げた茶の道は、ある一定の制約された時間のなかで、客を招き、道具を用意し、ゆったりした雰囲気のもとで茶を点て、菓子を馳走し、自然を愛で、世間話すらする。しかも、一通りのお手前が終わり、客が満足して挨拶を交わす時には、今使った道具のすべてが、初めの状態に仕舞われ元通りになっている。その間、客を慌ただしい気持ちになどは一度もさせることはない。千利休が侘びと寂びの境地から編み出したこの手法を、後の弟子達が、いかに変えようと試みてもどうにもならぬほど、一分の隙もなく無駄が省かれ、それが茶の道として完成されている。そこが合理性の極致と言われるゆえんである。もしかしたら、千利休は奇才のコンピュータ・プログラマーだったのかも知れない。

これをそのまま、わが小動物診療に当てはめると、「小動物診療とは、ただ、動物の病気を診て快くお帰り願うだけのこと」なのだが、その背景には、どれほど多くの学問的知識やノウハウが必要か計り知れない。パソコンでカルテ管理をするということは、そのすべてを完璧に体系づけることにほかならぬ大事業なのである。

[苦闘のソフト開発]

ソフトウェアの開発に取りかかった途端に、大きな問題に突き当たった。新患が病院を訪れる毎に新しいIDを1つ発生させ、それを1枚のカルテに見立て、パソコンの中に電子的な一定の枠を作り、さまざま書き込むことはいとも簡単である。その頃、PC-9801が発売されるや、その能力に目をつけた業界が「顧客管理プログラム」なるものを作製し、売り出す会社がウンカの如く発生した。例えば「美容院顧客管理プログラム」などである。そして、その"美容院"を"クリーニング"に変えれば、たちまち、「クリーニング店顧客管理プログラム」に早変わりした。

当時は、1人の顧客に1枚のカードを割り当て、それを瞬時に検索するものがほとんどであった。しかし、小動物診療の現場に合ったカルテとは、そんな1枚のカードで同列に管理できるような代物ではない。ある飼い主は、同じ動物を連れて100回も訪れるし、また、5年に1回だけしか来ない人もいる。一方、難しい病気や、研究目的の病気には多くのページやデータの入力が必要になる。おまけに簡単な図の入力だって欲しい。さて、技術的にどうしたら良いのか。この問題は、私に厚い壁となって襲ってきた。いくら考えても、本を読んでも、さっぱりわからない。なんとか、ここをクリアしなければ、その先へは絶対に進めない。

考えてみると、カルテとは、新患の動物が来院すると、大げさな言い方だが、その動物に無限の広がりを持った1枚の白い紙を与えることと同じである。これでは、1台のパソコンで何頭も管理できない。来る日も来る日もこのことばかりを考え、数カ月が過ぎた頃、本当に突然、しかも一瞬でこの問題は頭の中で解決した。

つまり、この無限の白い紙から、例えば、飼い主名、アドレス、犬の名前など定型的なデータを取り除き、日々、変化する日常のデータだけは好きなだけ無限の紙に書き込んで、その紙を、すべての動物が共有すれば、たった1枚の紙で事足りることになるのではないか。つまり、IDを頼りに親データの中にある動物を画面に引き出したとする。今度は、その子供になる治療内容のデータを入力し、そのデータの塊を無限の紙の中に投げ入れる。そこが大切なところだが、その時、親の中に子供が迷子にならぬよう迷子札を持たせておけば良い。その子供にさらに弟ができたら兄に弟の名札を持たせ、多量のデータの入力が必要になったら、双子、三つ子の弟を作ればOKだ。これですべてのデータが家族としてつながることになる。気がつけば、なんということはないのだが、そこまで理解するのに何カ月も無駄になった。

[目指せ、ペンシルレス・クリニック！]

それからというもの、来る日も来る日も、パソコンに向かいプログラム作りに没頭した。院内での人や動物の動き、入力の時間、発生する仕事などを秒単位で測り、できるだけ飼い主が事務仕事のためだけに待ちぼうけをくわないよう、かつて千利休が実践した「静の中に動、動の中に静」にならい、その一つ一つをプロトコルに反映させた。そして、次のようなコンセプトに基づいてプログラムの開発を行った。すなわち、

1) **人と話をし、動物に接する、これは獣医師の仕事。**

後はすべてパソコンに任せよう

人と話をする、動物に接する、これは獣医師の仕事だ。しかし、その他の仕事はコンピュータやロボットの仕事と考えればすっきりする。今、スタッフにやってもらっている血液検査なども、本来はすべてロボット化すべきだ。こうして考えると、動物病院の中で文字を書く必要はまったくなくなる。いわゆる、ペンシルレス・クリニックを目指すべきだ。

2）パソコンに仕事を合わせるな。仕事にパソコンを合わせよう

当時のパソコンは、今のように、同時に異なるアプリケーションが動くマルチタスクではない。そのために、入力を行うためのパソコン、領収書、証明書など書類を発行するパソコン、検索や分析のパソコンなど、あちこちにパソコンを置き、今でいうLANを組んで情報を送り仕事をさせる必要があった。また、いちいち机に座って入力などしてはいられない。そこで、立ったまま入力できる位置にパソコンを配置した。さらに、飼い主の不安を少しでも和らげるために、目の前で獣医師と同じ画面を一緒に見てもらいたい。こんな願いからディスプレーはもう1台、診察台の前に空中から吊り下げることになった。

「川又犬猫病院カルテ管理プログラム」ついに完成

1983年になると、OS（オペレーティングシステム）としてMS-DOSが使えるようになった。今では、われわれに馴染みの".exe"や".txt"などの拡張子はこの時から始まったのである。もちろん、BasicもこのDOSの支配下に入り強力に成長した。

こうして待望の「川又犬猫病院カルテ管理プログラム」MS-DOS版が出来上がった。格好よく「NO1.BAS」と名付けたメインのプログラムを中心に、印刷専用プログラム、データ解析・統計プログラム、病名診断プログラム、データベース・プログラムなど約10本のサブプログラムを従えて、一度、患者の情報がメインプログラムに入力されると、その情報がすべてのプログラムで利用された。まるで、5年前はお祭りの屋台のようであった院内の環境を、今では、パソコンが時代の最先端を行くテクノハウスに変えてくれたのである。図2は、メインプログラムである"NO1.BAS"の全プログラム1,565行をプリンターで出力したものである。

もうひとつの挑戦、ブラックボックスを暴け！

さて、時間を少しの間現在に戻し、インターネットで、ヒトの医療の世界においてコンピュータ関連の学会がどれくらいあるか探ってみた。日本ME学会、日本生体医工学会、日本医療情報学会、日本遠隔医療学会などざっと11の学会がヒットしてくる。すべてに医師が参画し、なかには医者が中心になって運営している学会もいくつかある。では、省みて、わが獣医療の世界はどうだろ

図2 完成したカルテ管理プログラム「NO1.BAS」。何年かぶりに1,565行のすべてのプログラムを出力してみた

う。残念ながら、今は、唯一つも見当たらない。強いて取り上げるとすれば、かつて、故広瀬恒夫先生（動物医学情報科学開発研究所）が今から12年ほど前に立ち上げた「遠隔獣医療情報通信ネットワーク」があり、静止画、動画を全国の獣医師がやり取りし、お互いに提案し合うものであったが、残念ながら、その組織の成長をみることなくお亡くなりになってしまった。

30年前、私は心の中で小躍りした。ようやく、医者と肩を並べ同じスタートラインに並んだテーマがみつかったからである。今度こそ、獣医療独自のピラミッドが建てられる。その礎を築くのがコンピュータを中心にしたMEの世界であった。

これからの数行は、どうか、ちょい悪のウザい、じじいの戯言と思って読んで頂きたい。少し前にテレビで、新宿にたむろするお嬢さん達にインタビューする番組があった。レポーターが「今、あなたにとって一番大切なものはな〜に？」、お嬢さん「ケータイ！ケータイは命より大切！ケータイの中に、ダチの電話番号が100人以上入っているも〜ん」、レポーター「お父さんはどう思うの？」、お嬢さん「チョーウザい」、レポーター「お母さんは？」、お嬢さん「クソばばあ」。

このお嬢さんは、衣食住や愛情を限りなく与え続けるご両親を「ウザい、クソばばあ」とし、"友達"という情報がつまった携帯電話を命より大切とおっしゃっている。その良し悪しは別として、2010年のデータによれば、世界で生産が予想される携帯電話の数は約12億台、英ARM社の携帯用CPUの生産が100億個を超えた。2005年の中国のICチップの生産量（輸出を含む）が367億個（出典：日本経済新聞、Wired Vision）に達すると言う。このお嬢さんが命より大切だとおっしゃる携帯電話の中を知っているかどうかはわからないが、4億個ものトランジスタの石の塊なことだけは確かである。30年前の私は、その中身を知らぬまま、ICをブラックボックスとして納得することには我慢がならなかった。当時の私は、こんなチップ野郎に馬鹿にされてたまるかという気持ちと、一方では、驚きと感動の毎日が続いており、こんなにすごい仕事をし、便利なものなら、この"産業の米"と呼ばれるICやLSIのチップの中身をなんとか暴いて、その力を小動物診療に活用できないものかと常に考えていた。そして、猛然とインタフェース作りに突進していったのである。今考えると、まるで、ドン・キホーテであった。

トランジスタとの格闘

LSIの中身を見てみた。とても、普通の人間が理解できるような代物ではなかった。しかし、ひとつだけ理解できたことは、これらクモの巣のような回路も、基本的には、論理演算素子と呼ばれる単純なトランジスタの集まりから成り立っていることであった。そして、結局は、一番基になっているトランジスタを、もう一度徹底的に勉強する必要性を強く感じた。

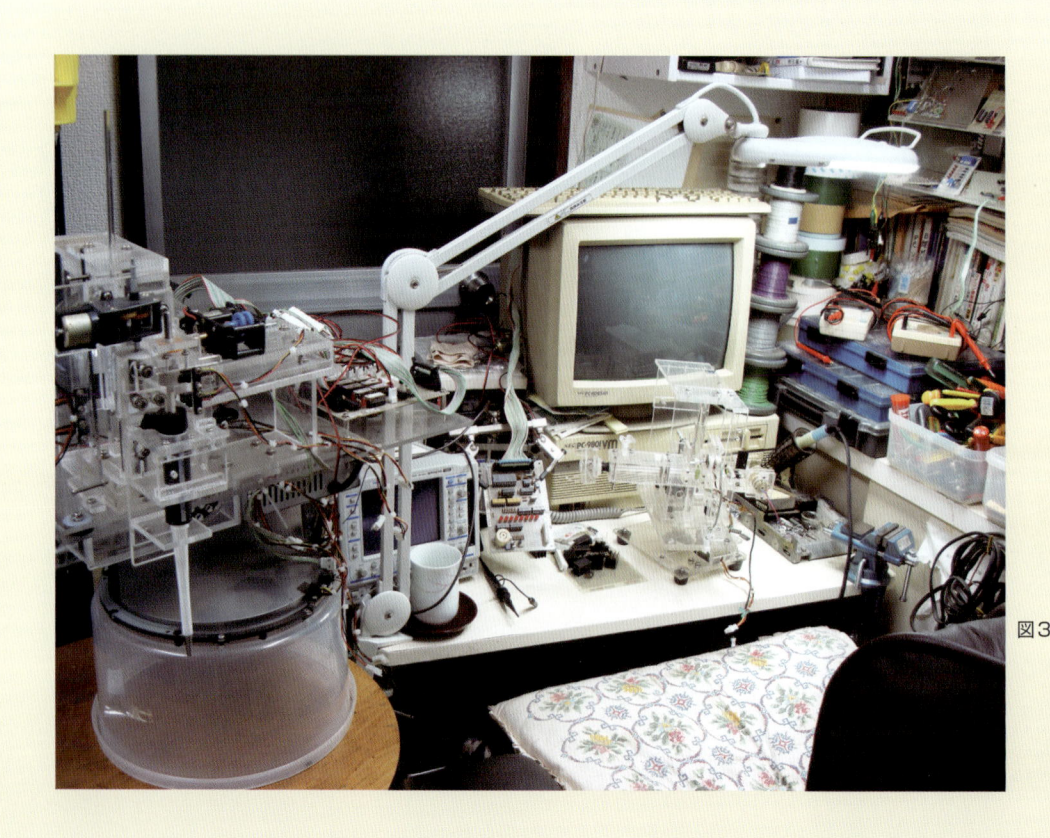

図3　人呼んで川又サティアンのデスク。診療に疲れると、ここに座り時を忘れる。この部屋には獣医療関係の専門書は1冊もない。あるのはトランジスタとIC部品とジャンクばかり

私には、子供の頃は変な性質があった。今では、中学生がシンナーを吸って、"ラリった"など話題になるものだが、私の場合は、あのハンダの臭いが好きで、それを嗅ぐと恍惚となってぼ〜とする癖があった。もしかしたら、鉛中毒（？）のせいだったかも知れないが、また、その好きな臭いに囲まれながら、トランジスタとの新たな格闘を始めた。はたから見たら、いい歳をしたおじさんがと、なんと根暗に映ったことだろうが、私には人間としてのプライドがかかっていた。なぜならば、この世の中のほとんどすべての出来事は、突きつめれば、今や、あの忌々しいトランジスタに関係しており、その働きも知らずに生きている自分に、いつも腹立たしい思いをしていたからである。

いずれにしても、トランジスタを知れば知るほど、その働きのすごさに改めて感動した。そして、いよいよ、トランジスタをマスターし、ロジック回路を理解して、ICやLSIを基板に載せ、パソコンと外界をつなぐ、インタフェース作りが始まった（図3）。

ゴミの中から、驚異の能力を持ったLSIを探せ

われわれは、パソコンで何か仕事をしている。例えば、今ではWordで文章を書く、また、年賀状をデザインしプリンターで印刷などする。しかし、よく考えてみると、これでは、パソコンの1万分の1ほどの力しか利用していないのである。実際のパソコンの力などはこんなものではない。その力を発揮する場所は機械制御の世界である。例えば、当時のPC-9801だってやる気になれば、火力発電所の1つくらいは簡単に運転できるパワーを秘めている。あんな速度の遅いWordを走らせるだけなら、GHzものペンティアムなどまったく必要はないのである。その良い例がD8255AC-5というLSIだ。われわれ人間は、スイッチを切ったり入れたりするとしても、せいぜい1秒間に早くて2回程度しかできない。ところが、このLSIは1秒間に1万回もスイッチの入り切りを軽くこなす。しかも、24本の腕で同時に入出力が可能である。そんなすごい働きをするLSIが現在は1個100円で買えるのである。買えるどころか、そのあたりのFAXやCOPY機のゴミの中にたくさん捨てられている。私は、次々にゴミのジャンクの中から、さまざまなLSIを取り出しては、それを利用していった。

ある程度の知識の蓄積ができると、今度は、身の周りの音や光や温度など、ありとあらゆる森羅万象をパソコンの中に取り込み、仕事をさせてみたいという誘惑にかられ、次々にインタフェースを作った。いわゆるAD変換である。インタフェースなどと言うと、なにかたいへん大げさなイメージがあるが、難しく考える必要はない。要は、身の周りにあるアナログ数値をセンサーなどでデジタル数値に置き換え、パソコンの中で処理をして、その結果を外部に知らせたり、機械の制御をする。この時の、パソコンと外部との境界にあるものすべてがインタフェースなのである（図4）。

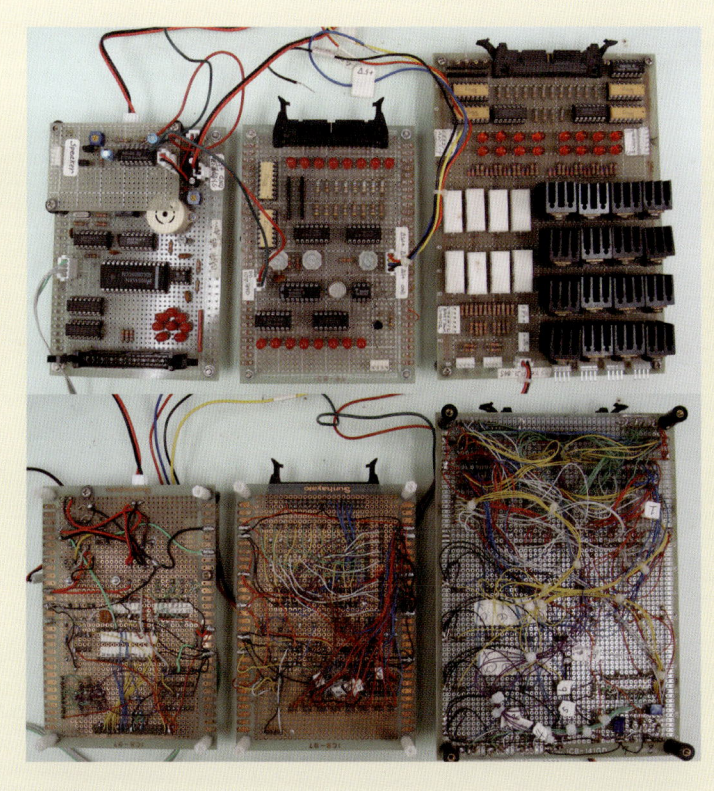

図4　各種自作の電子基盤。左からAD変換、DA変換、ロボット制御基盤。下段は、その裏側。クモの巣のような配線を1個1個ハンダ付けする苦労をわかってもらいたい。1カ所でもハンダが取れたら動かない

院内はロボットだらけ

　△△装置、○○ロボットと心に浮かぶまま、悪乗りして次々にあやしげな機械を作っていった。なかでも、記憶に残るのは、「体温測定おまかせロボット」というもので、手術中に動物の肛門に温度センサーを入れ込んで、「今、何度？」と大声で聞くと、「平熱」とか「高熱」、また、温度が下がると「体温低下！体温低下！」と叫び、腕を上げて、パソコン画面に体温を表示する（図5）。単純な発想だがたいへん可愛く、便利であり、しばらく愛用した。また、一連の血液染色ロボットもあり、これは塗抹した血液を自動的に固定、染色し、ヘマカラー、ギムザなど、さまざまな目的に合わせた染色法で染色をするというもので、最初は「聖子ちゃん」という名前でロボットを作った。しかし、彼女は結構性悪で、時々ヒステリーを起こして暴走するものだから、名前が悪いのではないかと進言する人もいて、自分の設計の悪さを名前に託け、途中から、「よし子」という名前に変えた。

　図6は、ほとんど廃品を利用して作った「よし子Ⅱ号」というロボットである。勤務獣医師に声優として参加してもらい、染色し終ると「は～い！できましたよ～！」と可愛い声を出して教えたり、「早く持ってけ～！」と怒鳴りつけるというものである。なかなか人気があり、誰かが新聞社に通報したらしく、突然取材に訪れてびっくりした経験もした。

　なかには、アイディアだけは良いのだが、現実と合わぬために、お釈迦になってしまったものも数多くあった。例えば、「ケージお掃除警告装置」というものを作った。なんのことはない、入院舎のケージの汚れをセンサーで検知して、50mほど離れた別棟の医局のパソコンにどのケージが汚れたかを知らせ、さらに、例えば「3番のケージが汚れました。取り替えてあげて下さい」と大声で叫ぶのである。ところが、できた途端に、勤務獣医師達全員の猛反発にあった。「先生！、あんなウザいものなんとかして下さいョ。ちゃんと管理はしますから」。

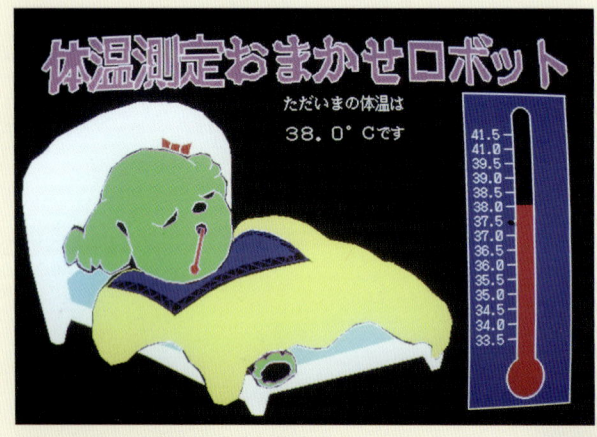

図5　手術中の体温おまかせロボットのメイン画像。右の体温計の赤棒が変化する。体温が37℃以下になると騒ぎ出す。マウスもなく、画像処理ソフトもまったくない時代に、計算式と膨大な数値だけでパソコンに描かせたグラフィック画像である

図6　万能染色ロボットよし子Ⅱ号の雄姿。塗抹染色が終わると、「できましたよー！」と可愛い声で知らせる

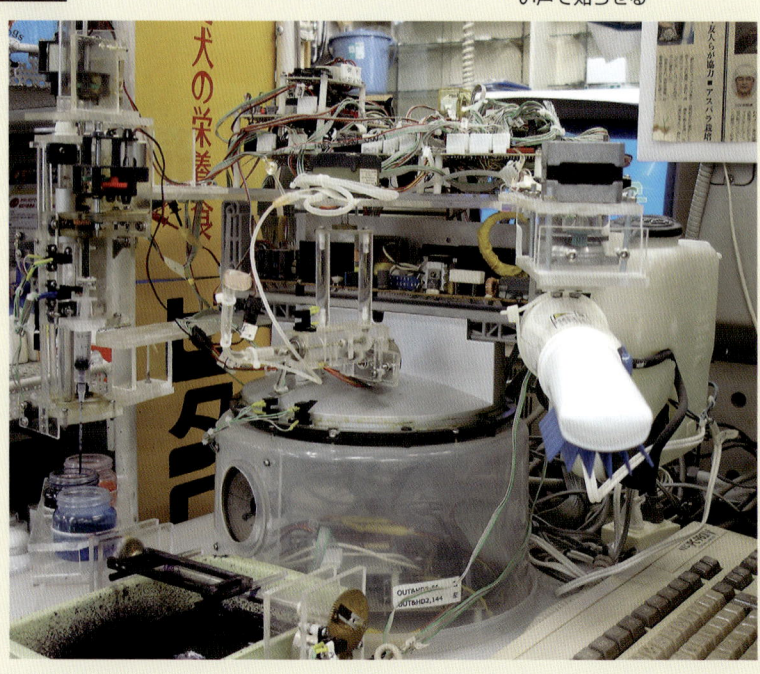

結局、この装置は程なく退散した。当時は、病院に勤めていた若い獣医師たちが出勤して来ると、見たこともない恐ろしげな機械が診療室内に出現しており、たいへん迷惑をかけたものである。

また、全身麻酔緊急停止装置と不妊手術補助ロボットも作った。全身麻酔緊急停止装置は、全身麻酔器を使用して手術をしている最中に、呼吸停止などが起こった時に「止まれ」と大声を上げると、麻酔器が自動的に、酸素だけを残してフローセン（当時は、イソフルレンではなかった）の気化器と笑気を一瞬で止めるというものだが、手術を受けている犬が、突然、大声で鳴いたりするとガスが止まったりして往生した。また、不妊手術補助ロボットは、いつの日か、看護師の代わりをするロボットを作ろうとの夢の実現までは良かったが、なにせ、当時は次元が低く、音の強さに反応させての命令は、犬の鳴き声や、物が床に落ちたりすると反応し、とんでもない時に鋏を出したりして、今度は怒鳴りつけると、また、それに反応し、別のものを出してくる。これらは、アイディア倒れで使い物にはならなかったが、良い反省材料にはなった。

PC-9801の終焉

PC-9801を中心に、カルテプログラムを動かし、ロボットを駆使して、実に楽しい診療が何年か続いた。朝出勤したら、まず、あちこちのパソコンの電源を入れ、保守点検をするのだが、それがまた、たいへんでもあり楽しみでもあった。院内はいつの間にかパソコンだらけ。ある時、私の病院を電気屋さんと勘違いして、蛍光灯を買いに来た人がいたほどである。

しかし、そんな蜜月も長くは続かなかった。それは、ほどなくPC-9801の終焉が始まり、代わってWindowsの時代に入ったからである（図7）。だんだん、ハードの維持が難しくなり、次々にフロッピーやハードディスクがダウンしていった。予備を備えておくのだが、それも間に合わず、一つ、また一つとロボットが死んで行った。

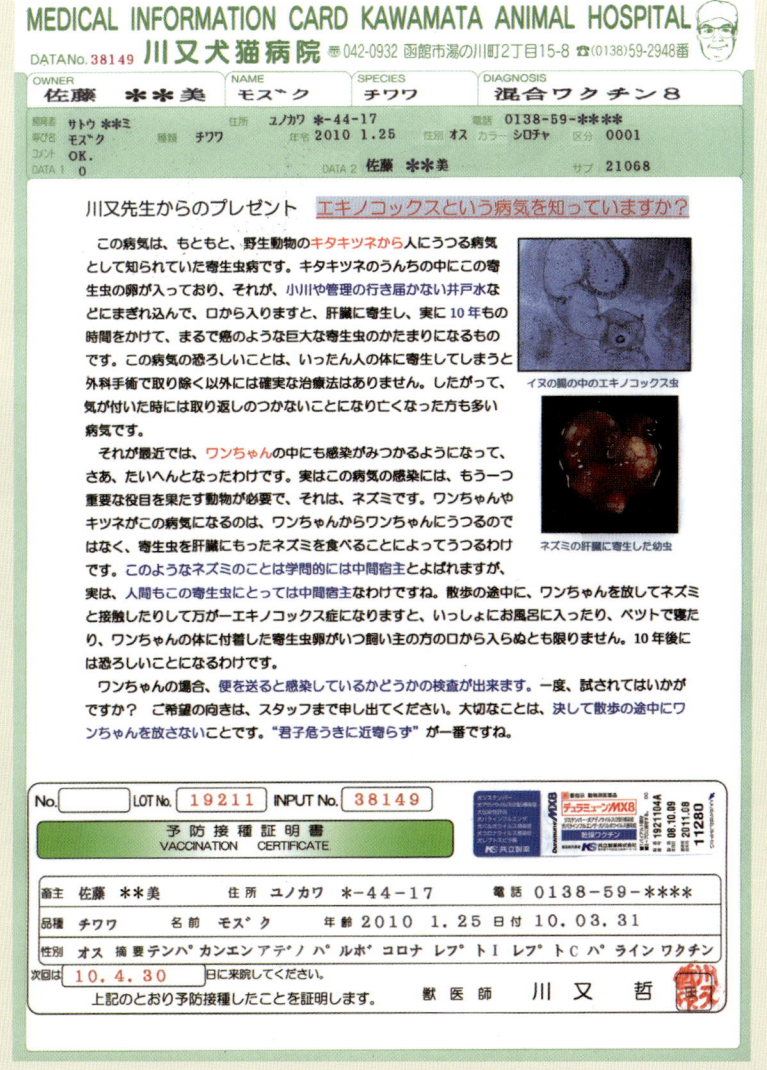

図7　現在使用している当院のワクチン証明書。30種類のうちのひとつ。中間の部分はクライアント・エデュケーションとして、簡単な知識をWordで作成し、上下のデータはカルテ管理プログラムから瞬時に印刷する

ただ、何としてもカルテプログラムだけは守りたかった。この30年間に、IDが46,320番にもなった。最初の1行から書き始め1,565行のプログラムをこの世に誕生させてから、この子は、1日の休みもなく、来る日も来る日も一言の文句も云わずに働いてくれた。この病院が今日あるのは、実は、このプログラムのお陰なのである（図8）。

今から5年ほど前のある日、私は、このカルテプログラムの存続が結構厳しくなったのを機に、今後の処遇を決めるため、真剣に向き合った。そして、迷いに迷った挙句「よし、俺と一緒にあの世へ行くか。俺が生きているうちは、お前をなんとしても使い続け、守り抜いてやるぞ」と固く心に誓った。そしてその夜、わが女房に"NO1.BAS"が入った5.5インチのフロッピーディスクを1枚手渡した。

おわりに

振り返ってみると、私は、図らずもパソコンの誕生から、その歴史とともに歩むことができた。そして、その関わりのなかで常に心を捉えたことは、なんとか、このすごくて憎らしい奴を手なずけて、手下にし、小動物診療の現場で活用できないかとの想いであった。そして、自分で1行、1行プログラムを書いて、ICやLSIを基板に載せ、悪あがきを重ねていった。

ただ、気持ちは複雑だ。時にふと、人生の大半の時間とエネルギーを吸い取られ、現在、残っているのは、30年間のすべてのクライアントの全情報が入った小さなハードディスク1個と、自作したIC基盤のジャンクの山だけじゃないかと思うこともある。しかし、最近は、

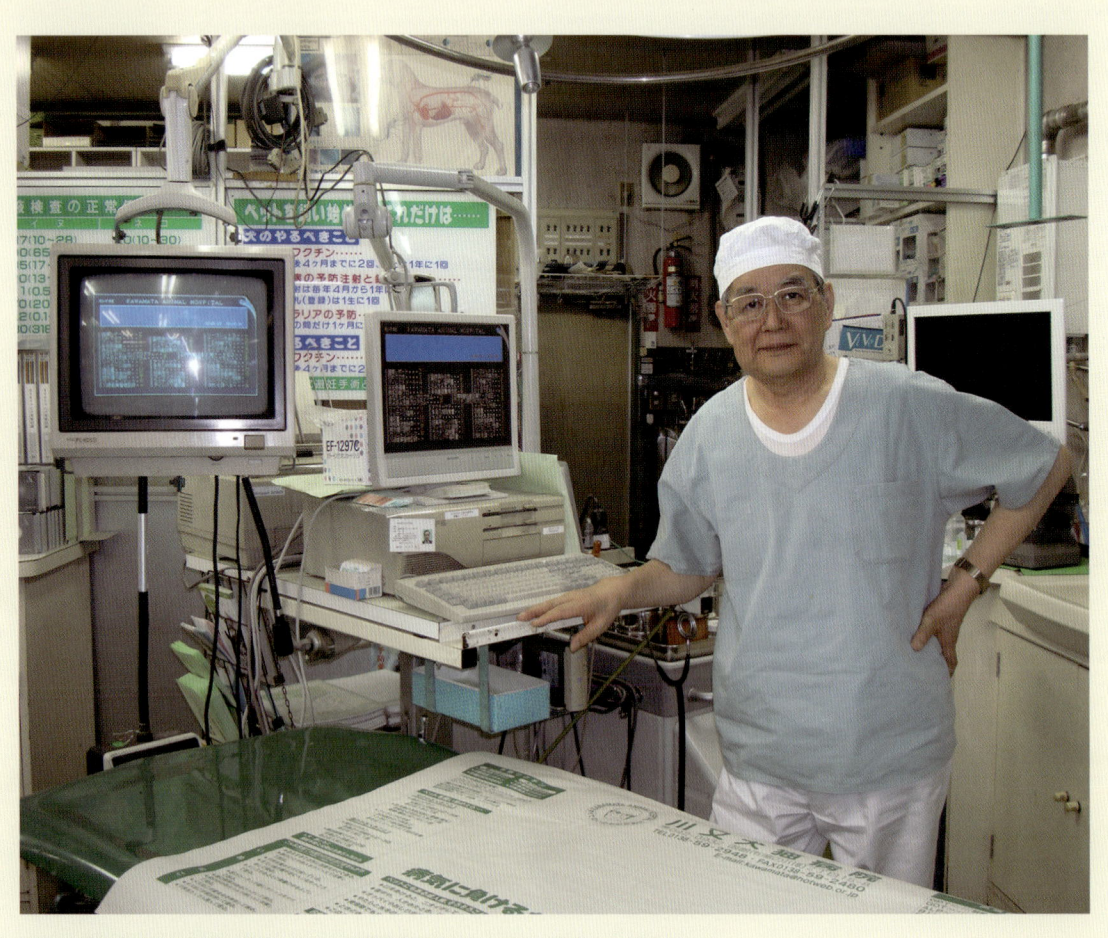

図8　現在の診察台の前に状況とカルテ管理プログラムのメイン画像。左端のディスプレーは飼い主のためのもの。また、健在のPC-9801の下に20メガバイトのハードディスクが見え、46,320頭分の開業以来のすべてのデータが入っている

パソコンとともに夢の中を歩いたこの30年を、私にとっては、決して無駄ではなく誇らしいものだと考えるように努めている

なぜならば、30年前、同じスタートラインに立っていたヒトの医療が、その後、凄まじいスピードで情報技術を取り込み、今では、はるか彼方を猛スピードで走り抜けている姿を横目で見ながら、少しでも遅れをとるまいとした虚しくも雄々しい孤独な戦いに、私自身は負けたわけではなかったからである。

まもなく、ヒトの医療の現場には、さまざまな形でロボットが入り込み、手術をこなすことすら夢ではなくなった。先日、テレビを見ていたら、僻地医療をサポートするとして、都心の循環器の専門医が、衛星を通じて、離島の老婦人と会話をしているのが目に入った。医師は心臓が悪いと話すご婦人に「おばあちゃん、先日診た時より今回は顔色が良いね」と言っている。私は、これを見て愕然とした。もうすでに、インターネットとハイビジョンを駆使して、離れ小島のおばあちゃんの体内から抽出したデータばかりか、顔色からも体調を判断できるほどの時代になったことを知ったからである。

私が開業を始めた頃は、全国の小動物診療に携わる専門の獣医師は1,500名と言われていた。しかし、現在では、おそらくは10,000名を超える畑に育っているに違いない。そのなかには、情報技術の能力に長けた若き有能な獣医師も多くおられるはずだ。私は、今後の希望を彼らに託したいと考えている。

ごあいさつ

川又 哲

本書を手にとって頂いた皆さま、こんにちは。

私は、北海道・函館で「川又犬猫病院」を運営している川又 哲と申す老いぼれ獣医師です。この"男爵いも"のような顔をどこかで見た覚えのある人もおられると思います。毎日、綱渡りではありますが、なんとか、現場で40年目に入る、大好きな小動物診療を続けています。この度は、infoVets誌の編集者の破格なご厚意で、こうした本を出す機会を得ることができ、たいへん光栄に存じております。

先日、その編集者の方と久々にお会いし、近況をお話しているなかで、私が、大きな手術を2回もして、その度に、体の部品が少しずつなくなって行くなどと冗談話をしていたところ、おそらくは、その人は、私の余命がいくばくもないとみたのでしょう。「川又先生、もし、お時間が許すようなら、1冊丸ごと差し上げますから、好きなことを、好きなように、これからの獣医師のために苦労話でも書いてみませんか」との申し出を頂きました。私は、私ごとき者にこのような贅沢なチャンスを頂くことは身に余るものと驚き、戸惑いのなかで、少しはにかんで「それじゃあ、折角のお話でございますから近いうちに考えてみますか」と答えたのですが、実は、心の中では、それはもう、うれしくて、うれしくて、頭の中が真っ白になって宙を舞うような気持ちでした。

私のような老いぼれになりますと、常に、「出しゃばってはいけないぞ」、「また、ウザいって言われないかな」などと、人様に自分の技術について語ることに怖気づいてしまうものですが、一方では、日常の診療の中から必要に迫られて生まれた汗と涙の小さなエピソードや技術が、そのまま私とともに埋もれてしまう残念さもありました。その意味で、若い先生に、つたない話を読んでもらえる、この貴重なチャンスは、私にとりましては願ってもないことだと思っています。

今回は、日常の診療の中から自分で創り上げ、利用してきた"自作の技術"にこだわり、いくつかの工夫を紹介させて頂きました。

私は、ほとんど何もない時代に開業し、今日まで診療を続けて来ましたので、日頃から、ないものは自分で創って使うという癖が体にしみ込んでおり、いつの間にか、部屋の中は、パソコンにIC、旋盤とボール盤、グラインダーやコンプレッサーなどで埋め尽くされ、仲間内の獣医師が、わが動物病院を訪ねる度に、いつからか私の院長室を"川又サティアン"と呼ぶようになりました。次頁の写真は、そんなサティアンの一角を写したものです。

私の場合も、夢中で小動物診療に取り組んで参りましたが、人の一生は想えば短いものでございます。瞬きをしている間のあっという間に老いぼれてしまいました。しかし、沢山の素敵な方々と巡り合い、その方々をわが師としてさまざまなことを学ばせて頂いたお陰で、

サティアン内で

　自分で申し上げるのもおかしいですが、誠に楽しい素晴らしい人生を送ることができました。

　今、私は、自分の心に固く誓った一つの思いがあります。それは、もう一度、生まれ変わったならば、もっと、もっと勉強をして、必ずまた獣医師になって、小動物診療を始めようと心に決めていることです。

　近い未来のある日、もし、皆さまがどこぞの学会の会場で、面影が、どこか川又に似た"男爵いも"のような顔をした若者に出会いましたら、「もしかしたら、川又の生まれ変わりではないだろうか」と考えてみて下さい。実は、そうなんです。彼は私の生まれ変わりなんです。そして、皆さんの後をひたひたと追い続け、追い抜いて行こうと虎視眈眈としているかも知れません。願わくは、その時代にあっても、私が経験をした今の小動物診療の業界がそうでありましたように、初心者も偉い先生もない、国家が与えてくれた獣医師免許のもと、民主的で、平等で、自由な風紀に満ち満ちた臨床家の業界が存在し、若い獣医師に温かい手を差し伸べ、老いぼれた人間にはほんの少しだけ敬意を払う、というそんな時代であって欲しいものです。

　では、長居は禁物、またウザいと言われぬうちに、早々に退散し、太平洋を望む、心地良い日射しの窓辺にでも座りながら、やり残した仕事、"リーマン予想"の謎解きでもやるとしましょうか。

　ありがとうございました。

2010年4月

川又　哲

著者略歴

川又 哲 （かわまた　てつ）

1940年11月30日生まれ
1963年帯広畜産大学卒業。1970年から現住所（北海道・函館）にて
川又犬猫病院を40年間にわたり運営。
1998年酪農学園大学にて博士号（獣医学）取得。
1999年および2005年には日本小動物獣医学会会長賞受賞。

ドクター川又の獣医療工房
臨床力

2011年2月28日　初版発行

著者	川又　哲
発行者	清水嘉照
発行所	株式会社アニマル・メディア社
	〒113-0034　東京都文京区湯島2-12-5　湯島ビルド3F
	TEL　03-3818-8501
	FAX　03-3818-8502
	http：//www.animalmedia.co.jp
編集	中森あづさ（株式会社イクス・キュア コーポレーション）
表紙／本文デザイン	高橋デザイン事務所
印刷・製本	株式会社文昇堂

ISBN　978-4-901071-23-9
Ⓒ2011 Tetsu Kawamata, Printed in Japan

本書の無断複製・転載、およびデータベース、磁気媒体、光ディスクなどへの入力は禁じます。
本書の定価は、裏表紙に記載してあります。製作には十分に注意しておりますが、万一、乱丁、落丁などの不良品がありましたら、小社あてにお送りください。送料小社負担にてお取り替えいたします。